JN223426

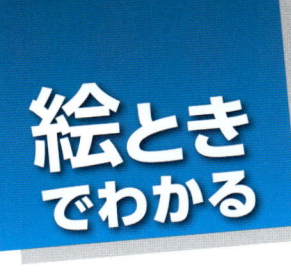

絵ときでわかる

パワーエレクトロニクス

改訂2版

粉川昌巳 著

Power
Electronics

Ohmsha

本書を発行するにあたって，内容に誤りのないようできる限りの注意を払いましたが，本書の内容を適用した結果生じたこと，また，適用できなかった結果について，著者，出版社とも一切の責任を負いませんのでご了承ください．

本書は，「著作権法」によって，著作権等の権利が保護されている著作物です．本書の複製権・翻訳権・上映権・譲渡権・公衆送信権（送信可能化権を含む）は著作権者が保有しています．本書の全部または一部につき，無断で転載，複写複製，電子的装置への入力等をされると，著作権等の権利侵害となる場合があります．また，代行業者等の第三者によるスキャンやデジタル化は，たとえ個人や家庭内での利用であっても著作権法上認められておりませんので，ご注意ください．

本書の無断複写は，著作権法上の制限事項を除き，禁じられています．本書の複写複製を希望される場合は，そのつど事前に下記へ連絡して許諾を得てください．

出版者著作権管理機構
（電話 03-5244-5088, FAX 03-5244-5089, e-mail：info@jcopy.or.jp）

[JCOPY] ＜出版者著作権管理機構 委託出版物＞

はしがき

　1947（昭和22）年にトランジスタが発明されてから今日まで，半導体素子の進歩とともに，エレクトロニクス技術は飛躍的に発達し，我々の生活や産業に不可欠なものとなっています．

　なかでも高耐圧・大電流容量の電力用素子の製造により，エレクトロニクス技術は電力の変換や制御の分野に普及し，パワーエレクトロニクスという技術をつくり出しました．

　今日，パワーエレクトロニクス技術は，電力系統の周波数変換やモータの制御など産業分野で多数利用されているだけではなく，エレクトロニクスの分野にもフィードバックされ，身近な家電製品や照明器具などにも用いられ，その応用範囲は多岐にわたっています．

　本書は，これからパワーエレクトロニクスを学ぼうとする皆さんのために，各章とも，平易な表現でわかりやすく，また，図を豊富に用いた2色刷により，視覚的に理解ができ，わかりやすく習得できるように配慮してあります．

　本書の構成は，5つの章からなります．1章では，パワーエレクトロニクスの分野，それがどのような場所で使用されているかなど，パワーエレクトロニクスの概要について説明しています．

　2章では，半導体の性質について学び，ダイオード，トランジスタからパワーモジュールなどの各種電力用半導体素子の特性について説明しています．

　3章では，半導体素子を制御するための知識として，RLCの特性から高調波の発生まで，電子回路の基礎につい

て説明しています.

4章では，パワーエレクトロニクスの核となる AC → DC 変換，DC → DC 変換，DC → AC 変換，AC → AC 変換など，これらの基本回路について説明しています.

5章では，いままで各章で学習したことのまとめとして，電力系統，照明分野，モータ制御，家電製品，電源関係でのパワーエレクトロニクスの活躍について，具体的な方法や回路構成を加えて説明しています.

全体の構成として，パワーエレクトロニクスの回路に重点をおき，その特性が理解できるようなまとめ方をしています.

第1版の発行から18年が経過し，本書はさまざまな教育分野でテキストとして採用されてきました．今回の改訂に当たっては，次のことに留意し，内容を見直しています.

1. 内容をより理解するために問題を追加しました.
2. 内容を見直し，新しいパワーデバイス材料，マトリックスコンバータの節を追加しました.

本書が，パワーエレクトロニクスの入門用の学習参考書として，あるいはテキストとして，みなさまに活用いただき，パワーエレクトロニクスに対する興味を増し，実力を養われることを期待しています.

終わりに，本書の出版にあたって，ご指導いただいたオーム社の方々に厚く御礼を申し上げます.

2019 年 9 月

著者しるす

目　次

3章　電子回路と制御の基礎

4章　パワーエレクトロニクスの基本回路

1章

パワーエレクトロニクス とは何か

　現在，パワーエレクトロニクスは，あらゆる分野に使用されている．では，このパワーエレクトロニクスという技術は，どのようなものであろうか？

　この章では，これから学ぶパワーエレクトロニクスの分野，それがどのような場所で使用されているかを説明する．ここでは，2章以降への興味付けと，パワーエレクトロニクスの全体像を把握するための手掛りとする．

1-01 パワーエレクトロニクスとは

01 パワーエレクトロニクスの分野

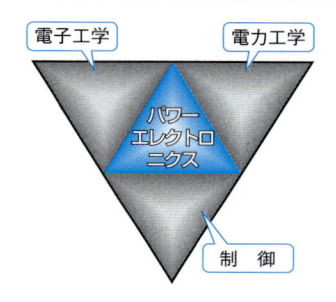

図 1 パワーエレクトロニクスの関連領域

　パワーエレクトロニクスとは，パワーとエレクトロニクスとの合成語であり，その分野は，電力のスイッチングや変換などを行う電力工学（パワー）の分野，電子や半導体などの電子工学（エレクトロニクス）の分野，さらにこれらを結びつける制御の分野とが重なりあった総合的な技術分野である（**図 1** 参照）.

　パワーエレクトロニクスを学ぶには，電力の変換や電力回路の開閉などの方法，それを実際に行う各種電力用**素子**の特性，素子の特性を理解したうえでの制御の方法などの知識が必要となる.

02 パワーエレクトロニクスは電力を変換する

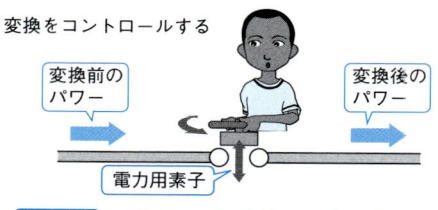

図 2 パワーエレクトロニクスとは

　パワーエレクトロニクスは，高耐圧・大電流容量の**電力用素子**のスイッチング作用を用いて，電力変換し，制御する技術である（**図2**参照）．

　我々の身のまわりの電源は，電池などの直流電源もあるが，大部分が一般家庭や工場などに供給されている単相交流電源や三相交流電源である．しかし，電力を利用するとき，大きさや周波数が固定であることは必ずしも好ましくない．異なる周波数や直流に変換することで，より効率的に電力を利用できる場合もある．

　例えば，電気機械は，可変電圧や可変周波数による変換装置を用いることで，効率良く可変速運転することができる．直流電動機（直流モータ：DC motor）は，電機子電圧や界磁電流を変えることで回転速度やトルクを制御することができ，また，交流電動機（交流モータ：AC motor）は，周波数を変えることで回転速度を制御することができる．

　パワーエレクトロニクスは，エレクトロニクスの分野にも利用が広がってきている．ルームエアコンや洗濯機などのモータの制御や照明器具の制御などの技術に利用されている．

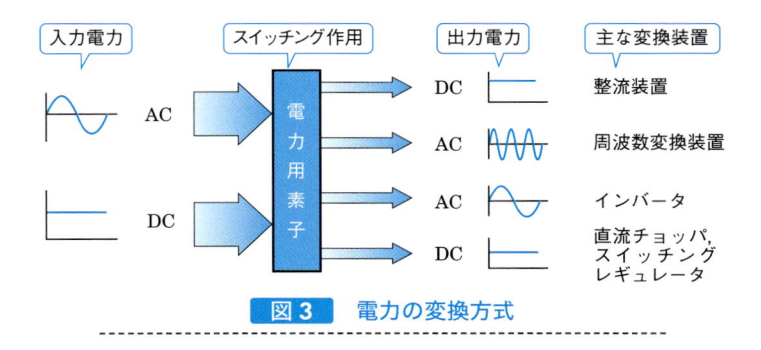

図3　電力の変換方式

　パワーエレクトロニクスによる変換方式には，**図3**に示すようなものがある．交流を直流に変換する装置を整流装置，交流の周波数をほかの周波数に変換する装置を周波数変換装置，直流を交流に変換する装置をインバータ，直流の電力を直流のほかの大きさに変換する装置を直流チョッパ，スイッチングレギュレータという．これらの回路については4章で詳しく述べる．

1-02 我々の周りのパワーエレクトロニクス

01 家庭におけるパワーエレクトロニクスの技術

パワーエレクトロニクスは，**電力用素子**を用いて電力を変換し，制御する技術である．我々の身近な家庭でも多くの製品に使われている．以下はその例である．

ルームエアコン

快適な温度
コントロール
省エネルギー

静かで
汚れが
落ちる

洗濯機

図1 モータの制御

LED 照明

蛍光灯

明るさを
コントロール

すぐに点灯
ちらつきがない

図2 照明器具の制御

（a）モータの制御（図1参照） パワーエレクトロニクス技術のインバータは，直流から任意の周波数の交流をつくり出すことで，交流モータの回転速度を自由に制御することができる．ルームエアコンは，温度コントロールをコンプレッサの回転で行っているが，家庭では固定された商用周波数（50/60 Hz）で運転され

ている．この商用周波数を一度直流に変換した後，インバータを使って任意の周波数の交流をつくり出すことで，コンプレッサの回転数を自在に変えることができる．これが優れた温度コントロールと省エネルギーの向上を実現しているインバータエアコンである．

また，洗濯機などでも洗濯槽（脱水槽）の制御にインバータを使い，衣類の種類や汚れなどに対応したきめ細かい制御を行っている．

（b）照明器具の制御（図2参照）　蛍光ランプの点灯にインバータが用いられている．この方式は，ランプそのものの発光効率を改善し，調光がしやすく，損失が少ないという特徴がある．

蛍光灯に代わる照明器具として，LED照明が普及している．LED照明は，蛍光灯に比べて寿命が非常に長く，点滅による寿命に影響はない．

LEDは直流電流によって発光するため，LED照明には，整流装置が必要である．LED照明は，整流装置の性能によってちらつきが生じる．また，調光などの高品位な照明環境を得るには高度な制御が必要など，パワーエレクトロニクスの技術が重要になる．

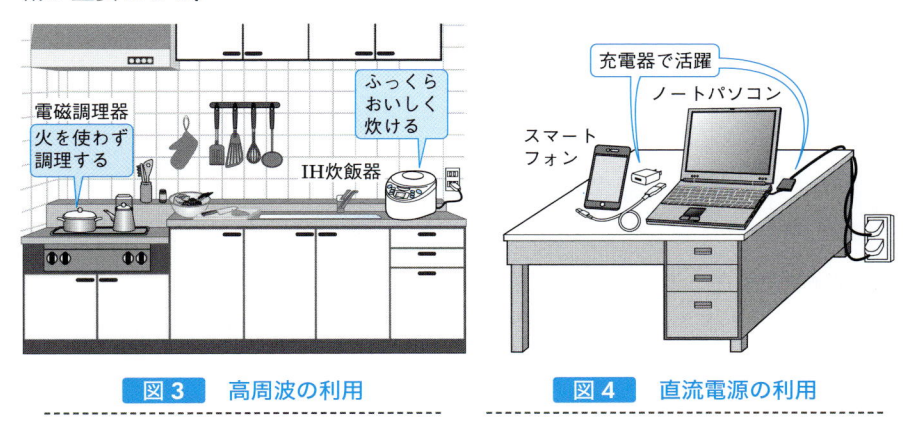

| 図3 | 高周波の利用 | 図4 | 直流電源の利用 |

（c）高周波の利用（図3参照）　商用周波数を高周波に変換して使うものに**誘導加熱**（IH：Induction Heating）がある．代表的な製品としては，電磁調理器やIH炊飯器などがある．これらの製品は，加熱コイルに $20 \sim 50\ \mathrm{kHz}$ の高周波電圧を加えることで，なべ底自体を加熱し調理するもので，パワーエレクトロニクスの技術が使われている．

(d) 直流電源の利用（図4参照）　家庭内の電気製品にコードレス機器が増え
てきている．コードレス電話，スマートフォン，ノートパソコン，ワイヤレスヘッ
ドホンなど，数えればきりがない．これらの製品の共通点は，電源にバッテリー
を使っていることで，バッテリーの充電器にパワーエレクトロニクスの技術が使
われている．

02　電力系におけるパワーエレクトロニクスの技術

　我々が普段利用している電力は，パワーエレクトロニクス技術が多く使われて
いる．以下は，その代表的なものである．

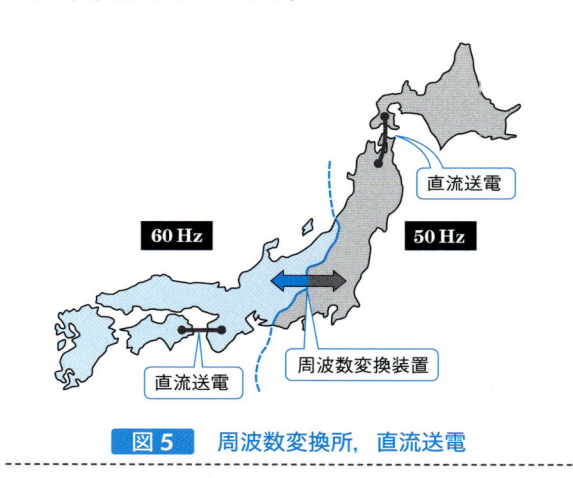

図5　周波数変換所，直流送電

(a) 周波数変換所，直流送電（図5参照）　我が国の商用周波数は，富士川以
東の50Hz地域と，それ以西の60Hz地域に分かれている．各電力会社では，そ
れぞれ独自に送電系統を連系し，需要電力と供給電力の平衡を保って運転してい
る．したがって，50Hz系と60Hz系の連系に電力を変換する装置が必要になる．
この装置を周波数変換装置といい，一方の周波数を一度直流に変換し，この直流
をさらにインバータによって他方の周波数に変換するものである．代表的な変換
所には，佐久間，新信濃および東清水周波数変換所がある．また，北海道－本州
間，四国－本州間の電力連系には，絶縁が容易で長距離大容量送電に適した海底
ケーブルによる直流送電連系が採用されている．

（b）分散型電源設備での利用（**図6**参照）　化石燃料に代わるエネルギーの確保と地球環境問題の解決策の一つとして，風力発電，太陽光発電，燃料電池発電などが注目されている．これらの設備を需要地内あるいは近郊に配置した中小規模の発電設備を分散型電源という．分散型電源は送電損失を減少し，排熱の有効利用など総合的なエネルギー利用効率を高めることを目的としている．

　分散型電源の中で，太陽光発電と燃料電池発電で得られる電力は直流電力である．この直流電力は，インバータによって商用周波数に変換され利用されている．

　電気自動車を使って，電気自動車に蓄えられた直流電力を一般家庭へ電力供給することが可能となってきた．この場合，電気自動車は電気工作物であり，分散型電源と考えられる．夜間電力や再生可能エネルギーである太陽光で発電した電力を使って電気自動車に充電し，蓄えた電力を日中の電力需要が高まる時間帯に使用することにより，ピーク電力のカットの効果が期待できる．ここでも電気自動車の蓄電池と家庭の分電盤との電力変換にパワーエレクトロニクスの技術が利用されている（**図7**参照）．

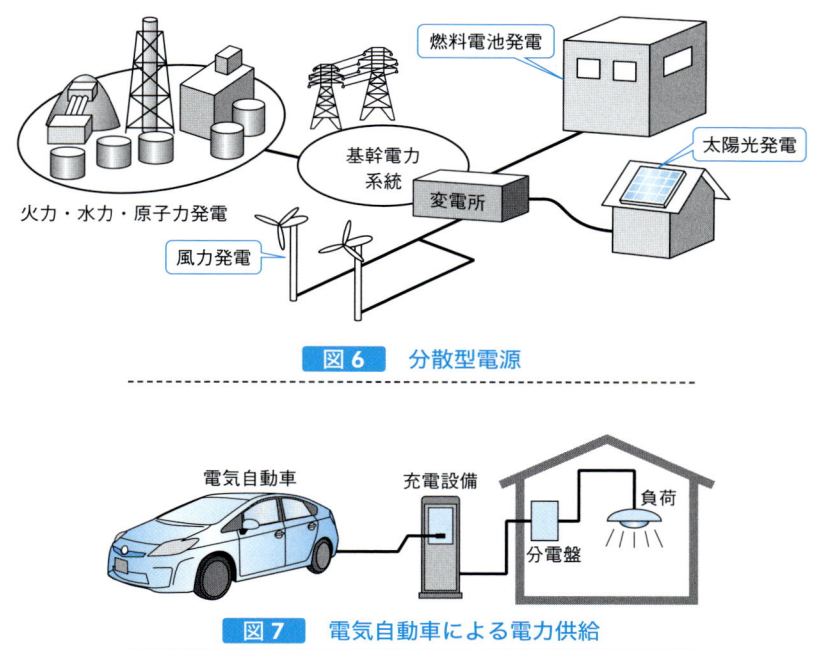

図6　分散型電源

図7　電気自動車による電力供給

　風力発電では，誘導発電機または同期発電機を使うため，得られる電力は交流電力である．しかし，風量などの気象条件によって発電出力が安定しないという欠点がある．そのため，パワーエレクトロニクスの技術である電力変換装置が使われる場合もある．

(c) 静止形無効電力補償装置での利用　　静止形無効電力補償装置（SVC：static var compensator）は，電力系統において電圧変動抑制，系統安定化などの目的で電力，産業，電気鉄道の各分野で幅広く用いられている．

　配電線の電圧は，負荷の変動により常に変化し，安定化が望まれている．そこで系統の無効電力を高速に制御できる自動電圧調整器（SVR：step voltage regulator）が開発されてきた．SVC は，サイリスタを用いてリアクトルやコンデンサの容量を高速で制御し，無効電力を補償する装置で，パワーエレクトロニクスの技術進歩に伴い適用が進んでいる．

(d) 無停電電源装置での利用　　コンピュータなどのような電圧変動や瞬断が許されない負荷には，無停電電源装置（UPS：uninteruptible power supply）が必要である．これは，蓄電池とインバータ装置を備え，電源が遮断されたときなどに，蓄電池の直流電力をインバータによって交流電力に変換し，負荷へ電力を供給する装置である．

03　輸送関係での利用

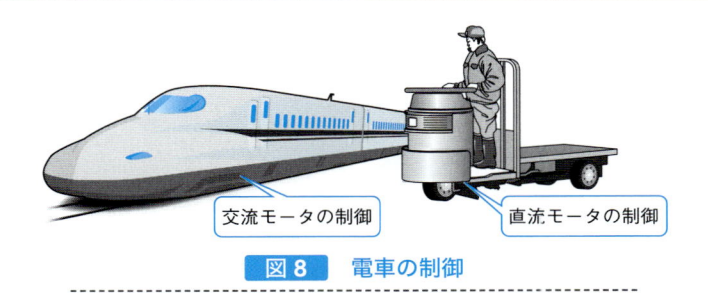

交流モータの制御　　　　　　　直流モータの制御

図 8　電車の制御

(a) 電車の制御（図 8 参照）国内で動いている電車には直流モータによって駆動される直流電車と交流モータによって駆動される交流電車がある．直流電車は路面電車，構内運搬車などで，交流電車には新幹線や在来交流区間を走っている電車などがある．

　直流電車の速度制御には，直流モータに加わる直流電力を変化させる直流チョッパ方式という技術が使われている．交流電車の速度制御には，交流モータに加わる周波数を変化させるインバータ方式が使われている．

図9　自動車での活躍

（b）自動車（図9参照）　　自動車にはサスペンション，点火装置，ヘッドランプ，パワーウィンドウなどたくさんの電力用半導体素子が使われている．

　また，電気自動車のモータには，永久磁石形同期モータ（PMモータ）が使われている．PMモータは，回転子に永久磁石を用いて界磁巻線を必要としない同期モータである．回転子の位置を検出するためのセンサが設けられ，インバータ装置との組合せにより磁極の位置を検出しながら電機子巻線に電流を流して速度制御することができる．

（c）エレベータの制御（図10参照）　　エレベータには，交流モータが用いられ，インバータによる速度制御が行われている．交流モータには，誘導モータが用いられてきたが，高効率・小形のPMモータの採用により消費電力が低減している．エレベータの制御は，モータの制御であり，パワーエレクトロニクスの技術は不可欠である．

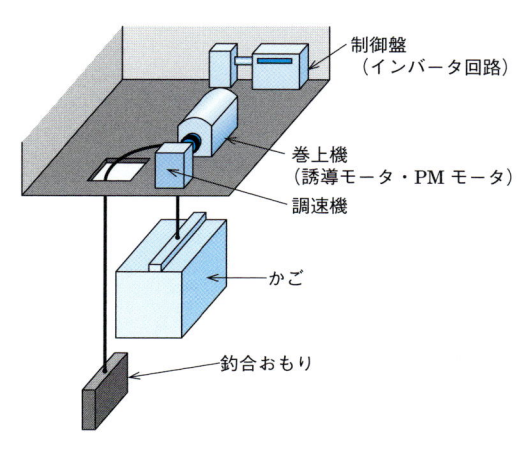

図10　エレベータでの活躍

1章のまとめ

01 パワーエレクトロニクス

　パワーとエレクトロニクスとの合成語で，電力工学の分野，電子工学の分野，制御の分野が重なりあった総合的な技術分野である．

02 パワーエレクトロニクスの技術

　電力用素子のスイッチング作用を用いて，電力を変換し，制御する技術である．

03 整流装置

　交流を直流に変換する装置で，バッテリーの充電器などに利用されている．

04 周波数変換装置

　交流の周波数をほかの周波数に変換する装置で，送電系統の周波数変換所などに利用されている．

05 インバータ

　直流を交流に変換する装置で，交流電動機の速度制御，蛍光灯の放電などに利用されている．

06 直流チョッパ，スイッチングレギュレータ

　直流の電力を直流のほかの大きさに変換する装置で，直流電車の速度制御や電子機器の電源などに利用されている．

身のまわりにあるパワーエレクトロニクスの技術について調べてみよう．

2章

電力用半導体素子

パワーエレクトロニクスを担う素子の中心は半導体である．半導体の中の n 形半導体と p 形半導体を組み合わせると，いろいろな特性の素子をつくることができる．この章では，半導体の種類と特性からそれらを組み合わせて得られる各素子の特性について説明する．

2-01 半導体とは

01 半導体の性質

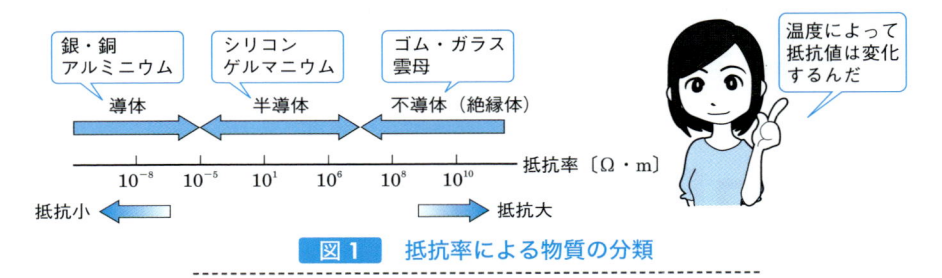

図1　抵抗率による物質の分類

　物質の常温における抵抗率をみると**図1**のようになる．この図で，銀や銅などのように電気を通す物質を**導体**，ゴムやガラスなどのように電気を通さない物質を**不導体（絶縁体）**という．**半導体**とは，導体と不導体の中間の性質をもつ物質で，シリコンやゲルマニウムなどが代表的なものである．一般に，半導体は導体とは逆に，温度上昇によって抵抗値が減少する性質がある．

02 シリコン

　すべての物質は多数の原子からできており，半導体のシリコン（Si）は，**図2**のような原子模型をしている．原子は正の電気量をもつ原子核と，その周りを回転する負の電気量をもつ**電子**からなり，電気的に中性である．このシリコン原子の場合，原子核の正の電気量と，14 個の負の電子の電気量は等しいことになる．この図で，最も外側の軌道にある電子を**価電子**といい，

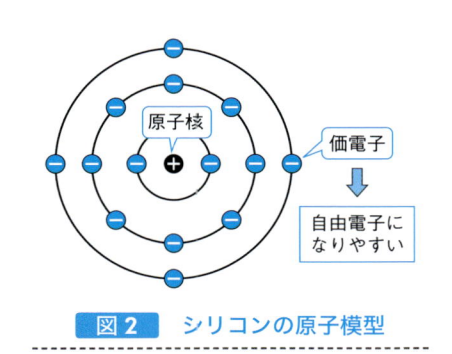

図2　シリコンの原子模型

12

シリコンの場合，4個である．この一番外側の軌道にある価電子は，原子核との結びつきが弱く，容易に離れて原子の中を自由に移動する**自由電子**になりやすい．

03　シリコン中の電子の振舞い

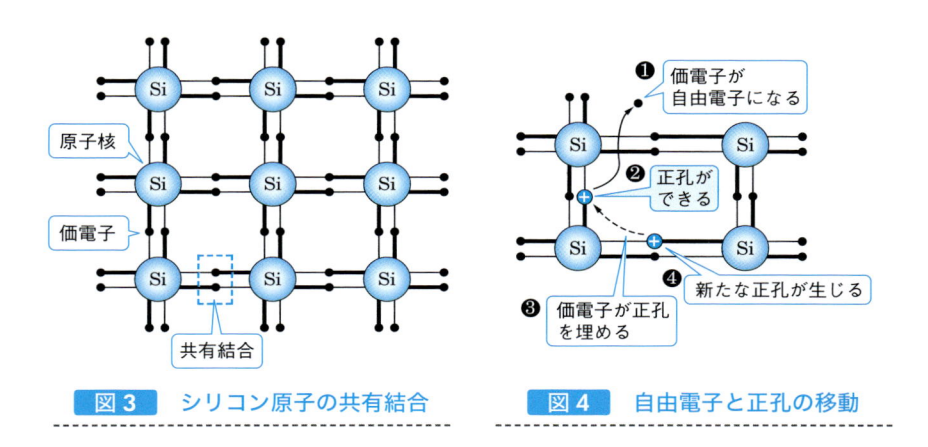

| 図3 | シリコン原子の共有結合 | | 図4 | 自由電子と正孔の移動 |

　電子の中で一番外側にある価電子は，ほかの原子との結合に関係する．価電子が4個のシリコンは，**図3**のような結晶構造になる．隣り合う4個の原子が価電子を1個ずつ出しあって，互いに価電子を共有するという**共有結合**で結びついている．

　価電子は原子核との結びつきが弱く，結晶に熱を加えたり，光を当てたりすると，これらのエネルギーによって，原子核の束縛から離れて自由電子となり，結晶中を自由に移動する．価電子が自由電子となって出たあとは，正の電荷をもち，これを**正孔**または**ホール**と呼ぶ．発生した正孔には近くの価電子が埋められ，その価電子があった部分は新たな正孔が生じる．これを繰り返すことにより，電子の移動とともに正の電荷をもった正孔の移動が生じる（**図4**参照）．

　自由電子や正孔を**キャリア**と呼び，自由電子は負の電荷を，正孔は正の電荷を運ぶものと考えられる．このキャリアが電界の作用で移動することを電流が生じるという．キャリアの移動が電流の流れで，電流の流れる方向は，電子の移動と反対の向きと決められている．

2-02 　n形，p形半導体

01　真性半導体

　半導体でキャリアとしての電子と正孔の数が等しいものを真性半導体という．

　真性半導体は，常温でも熱エネルギーを受けて，同数の自由電子と正孔が発生しているが，その数はわずかなため電流はほとんど流れない．

02　不純物半導体

　真性半導体に，数百万分の1程度のごくわずかな不純物原子を混ぜ合わせた半導体を不純物半導体という．不純物半導体に混入する不純物原子によって，キャリアは電子か正孔の一方の数が多くなる．不純物半導体には，電子の数が多いn形半導体と正孔の数が多いp形半導体がある．

（a）n形半導体　　4価のシリコンなどの真性半導体に，5価のアンチモン（Sb）やひ素（As）などを不純物として微量加えたものをいう．図1はシリコンに微量のアンチモンを加えた場合の結晶構造である．4価のシリコンと5価のアンチモンが共有結合すると，アンチモン原子のところで価電子が1個余ることになり，この余った電子は結合から外れて自由電子となる．このために，結晶全体としては多数の自由電子が存在することになる．

　真性半導体では同数であった電子と正孔のキャリアは，n形半導体では電子が多く，逆に正孔は少ない．多いほうのキャリアを**多数キャリア**，少ないほうのキャリアを**少数キャリア**といい，n形半導体は多数キャリアが電子である．

　n形半導体をつくるために加えた5価の不純物を**ドナー**という．

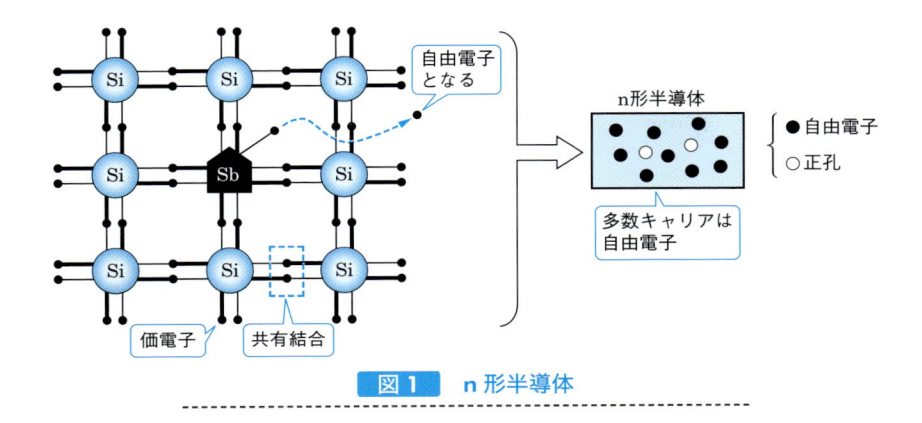

図1　n形半導体

(b) p形半導体　4価のシリコンなどの真性半導体に，3価のインジウム（In）やガリウム（Ga）などを不純物として微量加えたものをいう．**図2**はシリコンに微量のインジウムを加えた場合の結晶構造である．4価のシリコンと3価のインジウムが共有結合すると，価電子が1個不足する状態になる．すなわち，インジウム原子のところには電子が1個不足した穴，つまり正孔が生じる．このために，結晶全体としては多数の正孔が存在することになる．したがって，p形半導体の多数キャリアは正孔である．

　p形半導体をつくるために加えた3価の不純物を**アクセプタ**という．

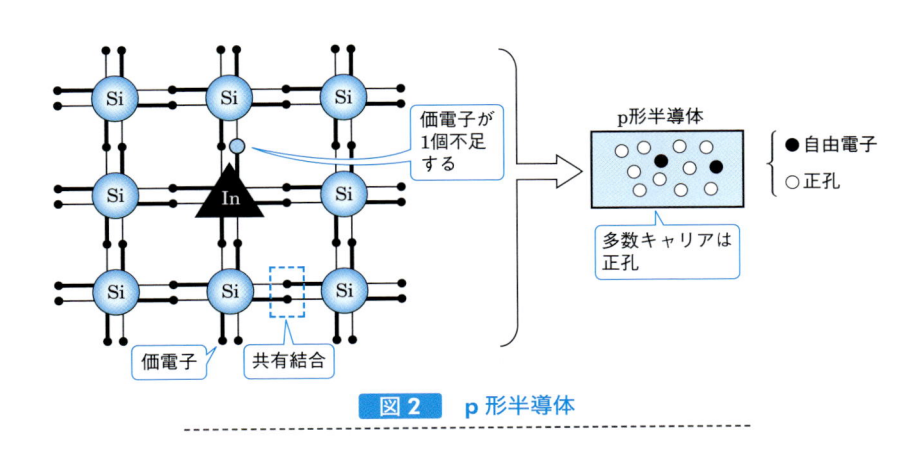

図2　p形半導体

2-03 ダイオードとは

01 ダイオードは pn 接合である

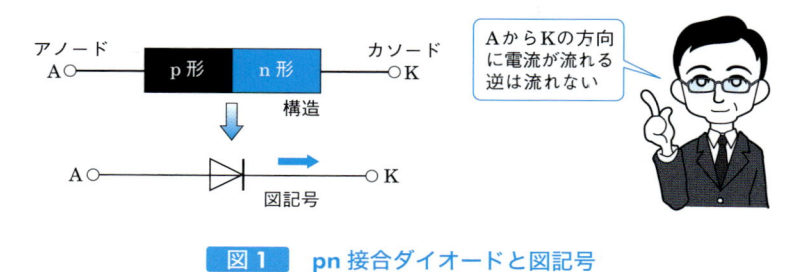

図1 の構造: アノード A — p形 n形 — カソード K

AからKの方向に電流が流れる逆は流れない

図記号: A — ▷|— K

図1　pn 接合ダイオードと図記号

p形半導体とn形半導体を接合し，それぞれに電極を付けたものをダイオードという．**図1** は，その pn 接合とダイオードの図記号である．p形半導体側の電極をアノード，n形半導体側の電極をカソードという．ダイオードは，p形半導体のアノードからn形半導体のカソードの方向に電流を流すが，n形からp形の方向には電流を流さないという働きをする．このような動作を整流作用という．

02 ダイオードの外観はいろいろ

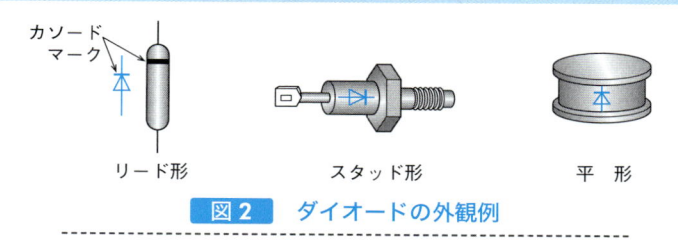

カソードマーク

リード形　　　スタッド形　　　平　形

図2　ダイオードの外観例

図2 は，ダイオードの外観例である．電流の小さいものには，両端にリード線が出たリード形，中容量のものには，ねじで放熱フィンへ取り付けるスタッド形，大容量のものには，上下両面から放熱フィンで圧接して熱を両面に逃す平形

がある．電流の流れる向きは，カソードのマークやダイオード本体に表示されている図記号で区別する．

03　ダイオードの定格

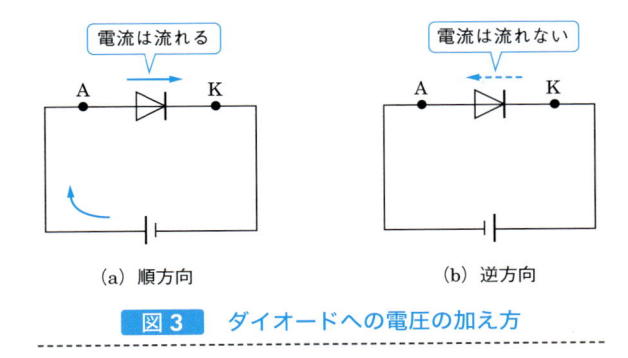

（a）順方向　　　　　　　　　　　　（b）逆方向

図3　ダイオードへの電圧の加え方

　ダイオードなどの半導体素子には，使用できる電圧・電流などの値が定められている．**図3**は，ダイオードへの電圧の加え方であるが，図3（a）のように，ダイオードに電流が流れる方向に加える電圧を順方向電圧または順電圧，流れる電流を順方向電流または順電流という．逆に図3（b）のように，電流が流れない方向に加える電圧を逆方向電圧または逆電圧という．

　ダイオードを使用するときは，連続して流すことのできる順方向電流の最大値，加えることができる逆方向電圧の最大値などの定格値を超えないようにする．

　表1は，FD30000AU-120DA（三菱）の場合の定格値である．

表1　ダイオードの最大定格値

項　目	内　容	数　値
ピーク繰返し逆電圧	逆方向電圧の最大値	6 000 V
平均順電流	取り出すことのできる平均順電流の最大値	3 000 A
ピーク1サイクルサージ電流	ダイオードに流れる瞬間最大電流	40 000 A（60 Hz）
接合温度	pn 接合部の温度	− 40 〜 125℃

FD30000AU-120DA（三菱）の場合

2-04 ダイオードの動作原理

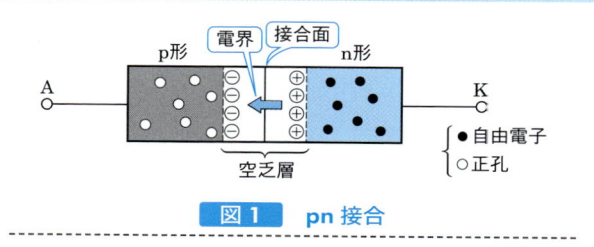

図1 pn接合

　図1は，pn接合の構造を表したものである．p形半導体には多数キャリアの正孔が，n形半導体には自由電子が満たされている．p形とn形の接合面ではp形の正孔とn形の自由電子が拡散により互いの領域に入り込んで中和し，キャリアのない空乏層という領域ができる．この空乏層において，p形領域では正孔が失われたため負に帯電し，n形領域では自由電子が失われたため正に帯電する．このため図のような向きの電界が生じ，キャリアの拡散が阻止され，空乏層はp形領域やn形領域の全面には広がらず，ある範囲で安定する．

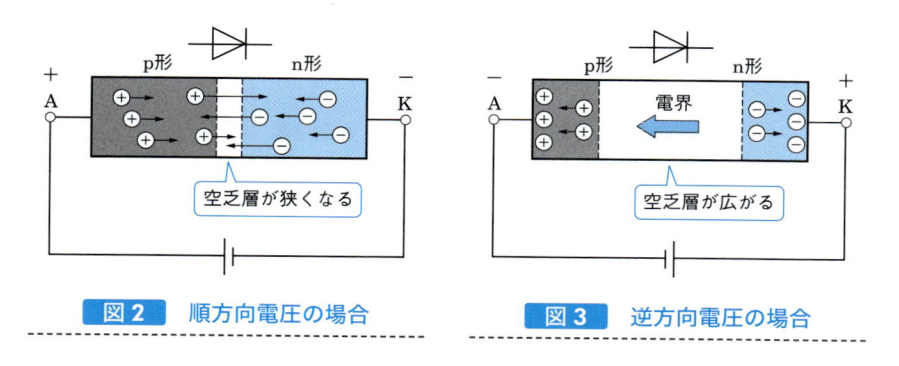

図2 順方向電圧の場合　　　　**図3** 逆方向電圧の場合

　図2は，pn接合に直流の順方向電圧を加えた場合である．この電圧によって空乏層の電界が弱まり，p形領域の正孔は空乏層を通り抜けn形領域のマイナス

極へ，n 形領域の自由電子は p 形領域のプラス極へ移動する．つまり pn 間でキャリアの移動が生じるので電流が流れる．正孔と自由電子は，電源より順次補給されるため電流は継続して流れる．

図3は，pn 接合に直流の逆方向電圧を加えた場合である．これは空乏層の電界が強められる向きで，空乏層は広がるとともに，p 領域の正孔はマイナス極に，n 領域の自由電子はプラス極に引きつけられ，pn 間でキャリアの移動が生じない．したがって，電流は流れない．

02　ダイオードの特性

ダイオードの電圧−電流特性を図4に示す．順方向では，低い電圧から電流は急激に増加する．逆方向では，ほとんど電流が流れないが，ある値を超えると急に大きな電流が流れる．この現象を**降伏現象**といい，そのときの電圧を降伏電圧または**ツェナー電圧**という．

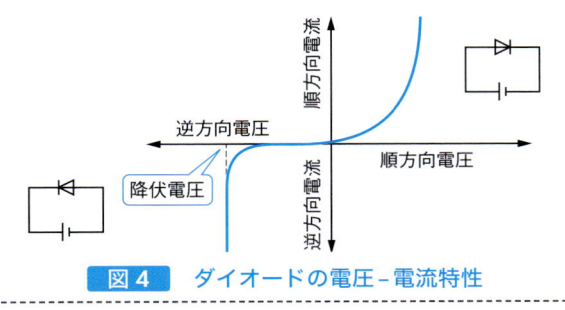

図4　ダイオードの電圧−電流特性

03　定電圧ダイオード

ツェナーダイオードとも呼ばれ，ツェナー現象を利用して，図5のように，電源に対して逆並列に接続して，負荷に一定の電圧を供給することができる．

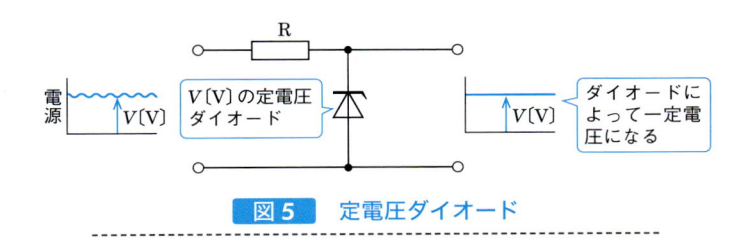

図5　定電圧ダイオード

2-05 トランジスタのしくみ

01 トランジスタは p 形と n 形の半導体 3 つの組合せ

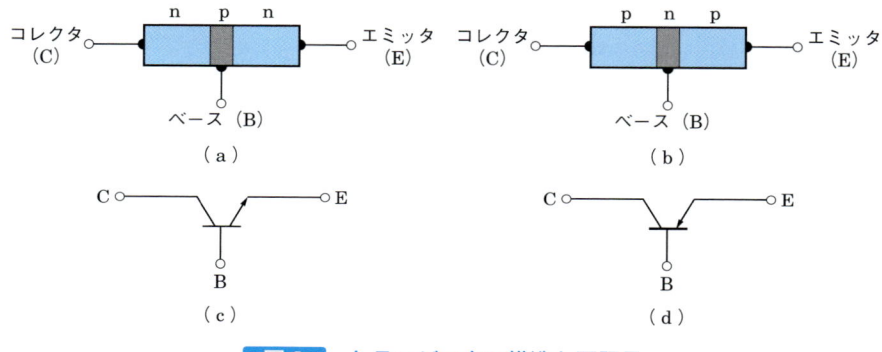

図1 トランジスタの構造と図記号

　トランジスタは，p 形半導体と n 形半導体を 3 つ組み合わせたものである．その組合せ方によって，2 つの種類がある．**図1** (a)，(b) は，トランジスタの構造図である．図1 (a) は，p 形半導体を n 形半導体でサンドイッチしたもので**npn 形トランジスタ**という．図1 (b) は，n 形半導体を p 形半導体でサンドイッチしたもので**pnp 形トランジスタ**という．

　トランジスタの各領域には電極が設けられ，中間の電極をベース（Base：B），ベースをはさむ 2 つの半導体の一方をエミッタ（Emitter：E），他方をコレクタ（Collector：C）といい，ベース領域の半導体は，ほかのものより薄くできている．

　トランジスタの図記号は，図1 (c)，(d) のようになる．エミッタは電流の流れる方向を矢印で表し，npn 形では外側，pnp 形では内側に向けて付ける．

　このようなトランジスタの動作は，n 形半導体の自由電子と p 形半導体の正孔の 2 つのキャリアが関連するためバイポーラ（bipolar ＝ 2 つのという意味）形トランジスタという．これに対してユニポーラ（unipolar ＝ 1 つのという意味）形トランジスタがあり，これについては 2 章 8 節で説明する．

02 トランジスタの外観と形名

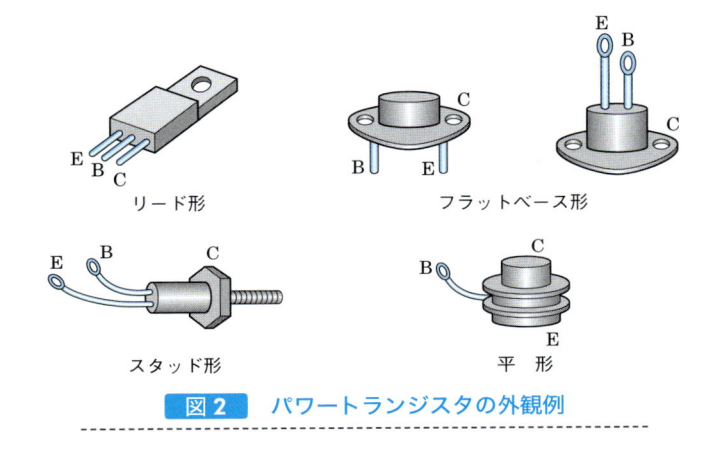

リード形 フラットベース形

スタッド形 平 形

図2 パワートランジスタの外観例

表1 トランジスタの形名

形　名	内　容	形　名	内　容
2SA□□□	pnp形で高周波用	2SC□□□	npn形で高周波用
2SB□□□	pnp形で低周波用	2SD□□□	npn形で低周波用

　図2は，パワートランジスタの外観例である．パワーによっていろいろな形のものがある．また，トランジスタの形名がJIS C 7012によって**表1**のように決められていた（現在はJIS C 7012は廃止され，電子情報技術産業協会（JEITA）がEDR-4102「小信号ダイオード，小信号トランジスタ及び個別半導体デバイスの形名」を発行している）．パワートランジスタでは，npn形が多く用いられている．

トランジスタはp形半導体とn形半導体を3つ組み合わせたもの．

トランジスタは，ベース（B），エミッタ（E），コレクタ（C）の電極からなる．

2-06 トランジスタの動作原理

01 BEC間に電源をつないでみる

　トランジスタの動作原理については，パワートランジスタとして多く用いられている npn 形で説明する．

　図1（a）は npn 形トランジスタの図記号であるが，これは図1（b）のような構造で，図1（c）のようにダイオード2個がつながったものと見ることができる．このトランジスタに**図2**（a）のように直流電源を加えてみる．これは図2（c）のように，BE 間のダイオードに順方向電圧を加えたものであるから，図2（b）

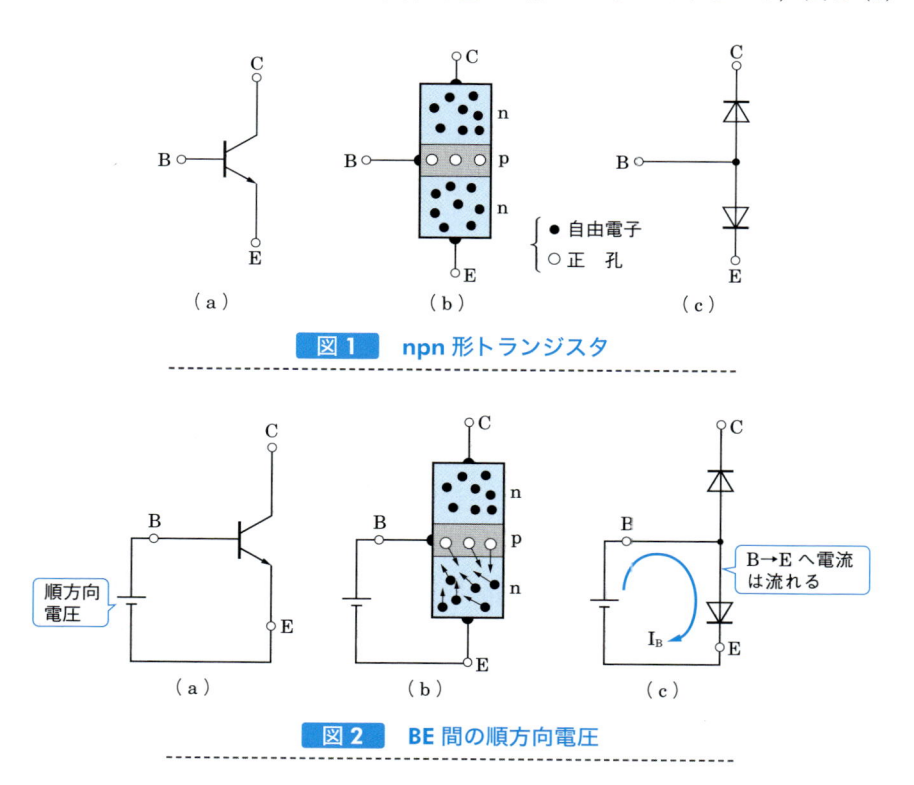

（a）　　　　　　　（b）　　　　　　　（c）

- 自由電子
○ 正　孔

図1　npn 形トランジスタ

（a）　　　　　　　（b）　　　　　　　（c）

順方向電圧

B→E へ電流は流れる

I_B

図2　BE 間の順方向電圧

のように，キャリアの移動が生じ，BからEへ電流が流れる．また，電源の極性を逆にした場合は，電流は流れない．これは，BC間でも同じことがいえる．図3 (a) のように，CE間に電源をつないだ場合は，図3 (b) のようなダイオードに接続された形になるので，電源の極性に関係なく電流は流れない．

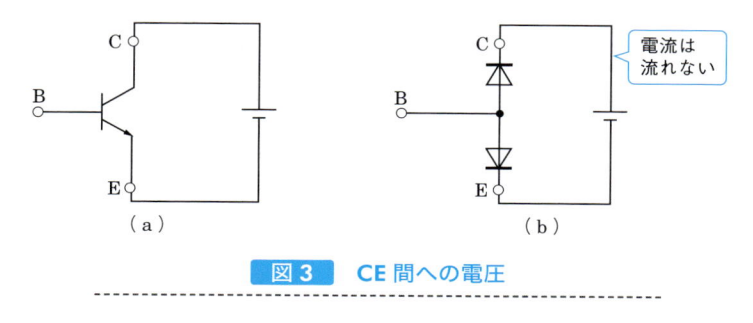

図3 CE間への電圧

02　トランジスタは2つの電源で考える

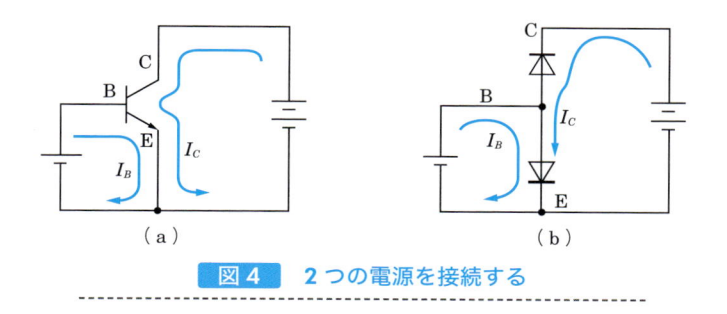

図4 2つの電源を接続する

　図4 (a) のように，BEC間に2つの電源を接続した場合を考える．これは図4 (b) のような形になり，BE間はダイオードの順方向電圧なので電流が流れる．CE間には電流が流れないように思われるが，実際には次に説明するように電流は流れる．この2つの電源を接続した場合の電流の関係について，npnの構造図からキャリアの動きを考えて説明していく．

　図5は，npn形トランジスタの構造図である．何も電圧を加えていないときは，ダイオードのときのようにBE間，BC間には空乏層による内部電界が発生している．BE間に順方向電圧を加えれば，図2のように，BE間の空乏層の内部電

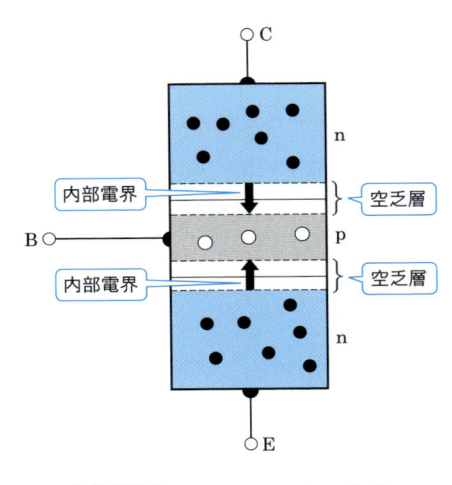

図 5　トランジスタの内部

界が弱められ，BE 間でキャリアの移動により電流が流れる．このとき，**図 6** のように，CE 間にも電圧を加えたらどうなるだろうか．ここで，トランジスタはそれを構成しているベース層の部分，ここでは p 形の部分を非常に薄くしてあることに注意してほしい．

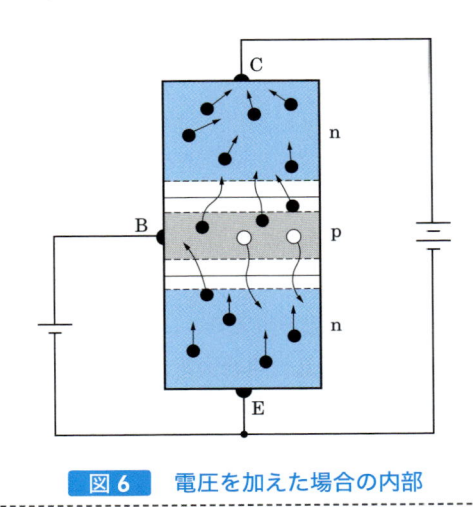

図 6　電圧を加えた場合の内部

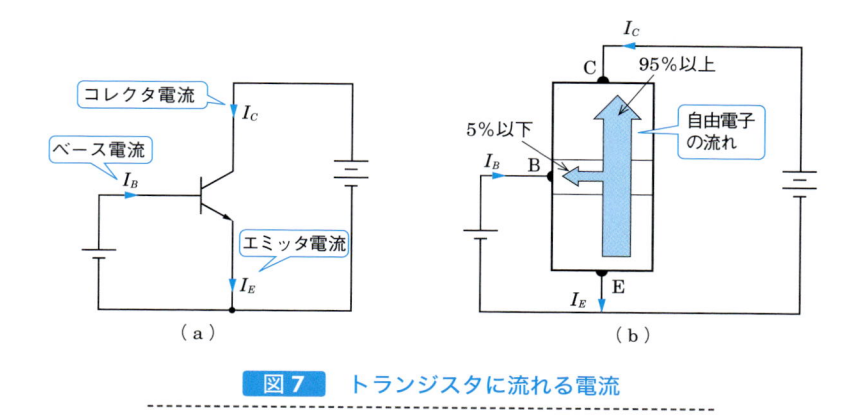

図7 トランジスタに流れる電流

BE 間の電圧によってエミッタ層の自由電子はベース層へ移動するが，ベース層の幅が狭いため，ほとんどの自由電子が BC 間の空乏層のところまで到達する．BC 間の空乏層まで到達した自由電子は，CE 間の電圧と空乏層の内部電界にも助けられコレクタ側へ流れ込むことになる．エミッタから移動してきた自由電子は，ベース側に流れるものとコレクタ側へ流れるものとに分かれるが，トランジスタはベース層を薄くして，**図7**（b）のように，95％以上の電子がコレクタ側へ流れるようにしてある．

ここで，図7（a）のように，ベースに流れる電流をベース電流 I_B，コレクタに流れる電流をコレクタ電流 I_C，エミッタに流れる電流をエミッタ電流 I_E とすると，以下の式が成り立つ．

$$I_E = I_B + I_C$$

また，自由電子の分流比である I_C と I_B の比を**直流電流増幅率** h_{FE} といい，次のようになる．

$$h_{FE} = \frac{I_C}{I_B}$$

トランジスタの使い方

01 トランジスタの静特性

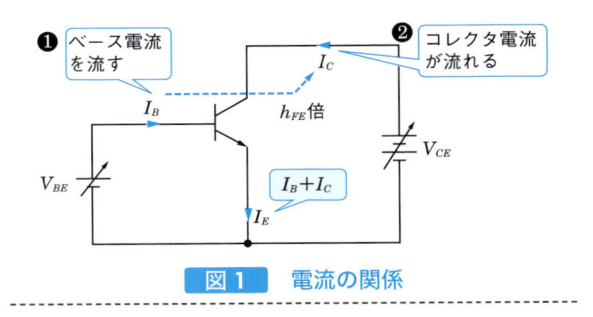

図1 電流の関係

トランジスタは，**図1**のように，ベース・エミッタ間に電圧 V_{BE} を加えてベース電流 I_B を流すと，直流電流増幅率 h_{FE} 倍のコレクタ電流 I_C が流れる．そして，I_B，I_C，I_E の3つの電流の関係は，次のとおりである．

$$I_E = I_B + I_C = I_B + h_{FE} \cdot I_B = (1 + h_{FE}) I_B$$

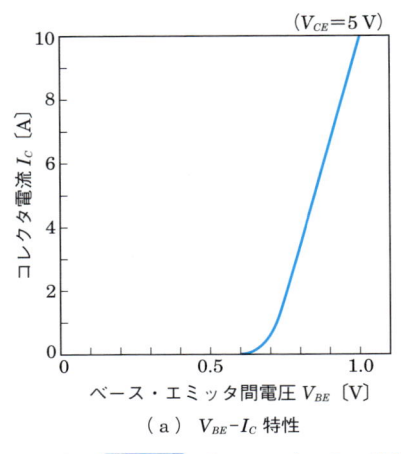

（a）V_{BE}-I_C 特性

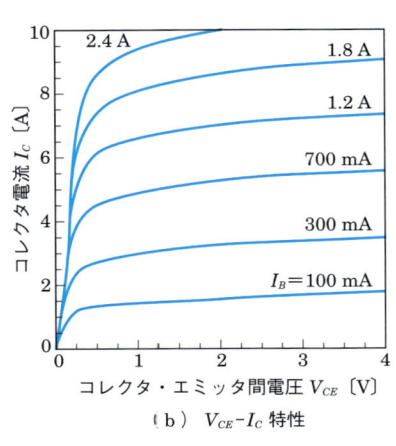

（b）V_{CE}-I_C 特性

図2 トランジスタの静特性例（2SC5124：サンケン電気）

図2は，トランジスタのカタログなどに載っている特性の例である．図2 (a) はベース・エミッタ間電圧 V_{BE} とコレクタ電流 I_C の関係，図2 (b) はベース電流 I_B を一定にしたときのコレクタ・エミッタ間電圧 V_{CE} に対するコレクタ電流 I_C の関係を表したもので，トランジスタの静特性という．この図2 (a) からトランジスタを動作させるためには V_{BE} は 0.7 V 以上必要で，図2 (b) から V_{CE} がある程度加わっていれば，I_C は I_B によって大きく変わり，V_{CE} にはあまり影響を受けないことなどがわかる．

02　パワーエレクトロニクスとしての使い方

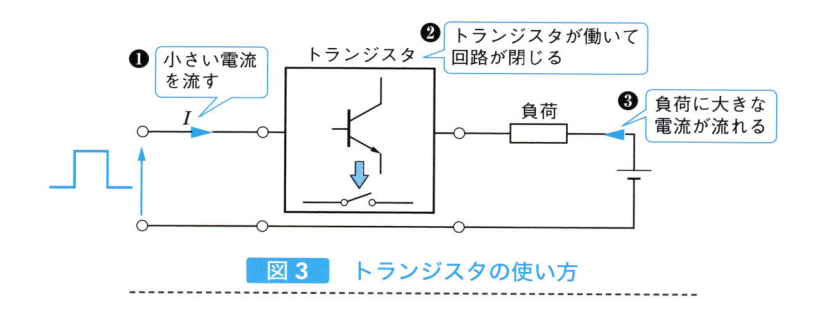

図3　トランジスタの使い方

　パワーエレクトロニクスでは，トランジスタは**図3**のように，小さい電流を用いて負荷に流れる大きな電流を制御する無接点のスイッチとして用いられる．このような使い方をスイッチング素子という．トランジスタが働いて負荷に電流を流す状態を**オン（ON）状態**（飽和状態），逆にトランジスタが働かない状態を**オフ（OFF）状態**（遮断状態）という．その基本回路が**図4**である．トランジスタにベース電圧 V_B が加わってベース電流 I_B が流れ，トランジスタの CE 間

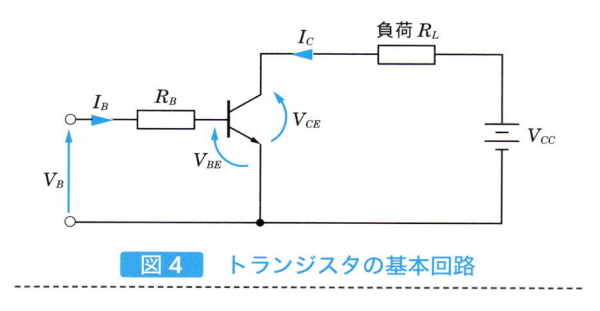

図4　トランジスタの基本回路

がオンになれば負荷に電流が流れる．V_B が加わらなければトランジスタはオフで電流 I_C が流れず負荷に電圧は加わらない．

では，どのような電圧をトランジスタに加えればよいのだろうか．図2の特性を例に説明する．トランジスタをオフにしたいときは，V_B の値を特性から 0.6 V 以下にすればよい．実際には 0 V にする．

トランジスタがオンしたときに負荷に流れる電流 I_C は，次式で表される．

$$I_C = \frac{V_{CC}}{R_L} \tag{1}$$

したがって，トランジスタをオンしたいときは，V_B の値を I_C が式（1）より多く流れる値以上にすればよい．図2 (a) から 0.6 V を超える値にする．ただし，V_B の値を式（1）よりはるかに大きくしても負荷 R_L に流れる I_C は式（1）より大きくはなり得ない．むしろ，ベース電流 I_B が多く流れすぎてトランジスタの破損につながる．V_{BE}-I_C 特性では，$V_{BE} = 0.7$ V 程度で電流が急激に立ち上がるなどの関係があるため，大きな入力電圧によってこのようなことが起こらないように，図4ではベースに抵抗 R_B を入れてある．V_B から抵抗 R_B の電圧降下分を引いた値が V_{BE} として BE 間に加わることになる．

負荷に流れる電流は式（1）で表されると説明したが，実際にはトランジスタがオンの状態でも CE 間の電圧降下は 0 V にはならず，ある程度の電圧 V_{CE} が残っている．これが機械的なスイッチと異なる点で，これを考慮すると I_C は次のようになる．

$$I_C = \frac{V_{CC} - V_{CE}}{R_L}$$

ベースに接続した抵抗 R_B は，I_B を I_C/h_{FE} から求め，次のようになる．

$$R_B = \frac{V_B - V_{BE}}{I_B}$$

03　トランジスタの定格

　トランジスタを使用するときには，加えることのできる電圧や流すことのできる電流などの最大定格に十分注意しなければならない．トランジスタの最大定格には**表1**のようなものがある．表において，コレクタ損失 P_C はコレクタ・エミッタ間で消費される電力で $V_{CE} \times I_C$ のことである．これはトランジスタ内部の温度を上昇させるもので，V_{CE} や I_C が最大定格値内であっても，それを乗じた値が P_C を超えて使ってはいけない．表1のトランジスタの特性中使用できる範囲は，**図5**の斜線の範囲となる．

表1　トランジスタの最大定格値

項　目	最大定格	内　容
V_{CEO}	800 V	コレクタ・エミッタ間の最大直流電圧
V_{CBO}	1 500 V	コレクタ・ベース間の最大直流電圧
I_C	10 A	コレクタ極に流れる最大直流電流
I_B	5 A	ベース極に流れる最大直流電流
P_C	100 W	コレクタ接合で消費される最大電力
T_j	150℃	絶対最大定格の最大許容温度

2SC5124 の場合

表1の V_{CEO} や V_{CBO} は
ベースを開放（Open）
した状態で測定するた
め，添字に O が付いて
います

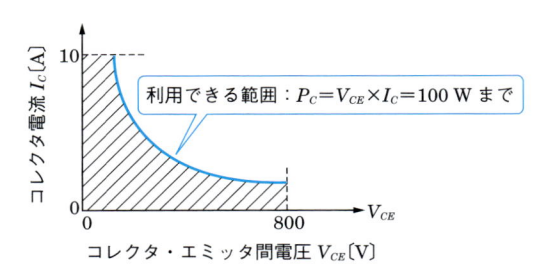

利用できる範囲：$P_C = V_{CE} \times I_C = 100$ W まで

図5　トランジスタの使用範囲（2SC5124）

問1

　コレクタ損失 100 W のトランジスタでは，コレクタ・エミッタ間電圧 V_{CE} = 500 V のとき，コレクタ電流 I_C は最大いくらまで流すことができるか．

2-08 MOSFET のしくみ

01 MOSFET とは

前節までで説明したバイポーラ形トランジスタは，ベース電流によってコレクタ電流を制御する電流制御形のトランジスタであった．これに対して，加える電圧によって，出力電流を制御する電圧制御形のトランジスタを**電界効果トランジスタ**（Field Effect Transistor），略して **FET** という．

FET は，バイポーラ形トランジスタと比較して，電流の流れが n 形，p 形半導体の自由電子や正孔のどちらか一方で動作するため，ユニポーラ形トランジスタとも呼ばれている．MOS は，金属酸化物半導体（Metal Oxide Semiconductor）の略で，**MOSFET** とは，**金属酸化物半導体電界効果トランジスタ**のことである．MOSFET には，半導体の構造によって，n チャネル，p チャネルがある．また，特性によって，エンハンスメント形とデプレション形がある．

02 MOSFET の構造

MOSFET は，ゲート（G），ドレイン（D），ソース（S）の 3 つの電極をもった pn 接合半導体で，**図 1**（a），（b）は，エンハンスメント形の構造図と図記号である．図 1（a）は，n チャネル，図 1（b）は，p チャネルである．例えば，n チャネルは，p 形半導体基板にソースとドレインの 2 つの電極を設け，n 形部分をつくる．ゲート電極の構造は，ソースとドレイン間の金属（Metal）→ 絶縁層の SiO_2 膜（酸化物：Oxide）→ 半導体（Semiconductor）となっており，各頭文字をとって MOS となる．p チャネルは，n チャネルの n 形，p 形半導体を逆にしたものである．また，図 1（c），（d）は，デプレション形の構造図と図記号で，ドレイン・ソース間に同種の不純物が拡散されている．

MOSFET の図記号での区別は，n チャネルと p チャネルはドレインとソースの間の矢印の向きで，エンハンスメント形とデプレション形はドレイン・ソース間の線の種類で区別する．

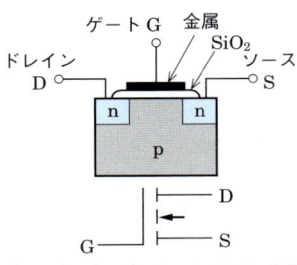
（ a ）n チャネル（エンハンスメント形）

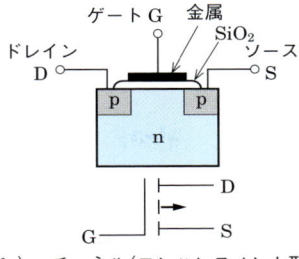
（ b ）p チャネル（エンハンスメント形）

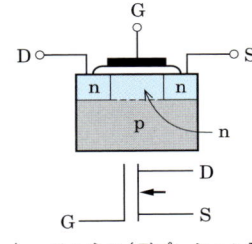
（ c ）n チャネル（デプレション形）

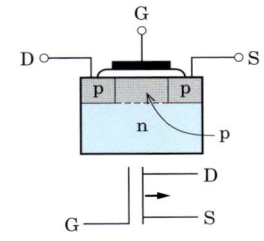
（ d ）p チャネル（デプレション形）

図1 MOSFET の構造と図記号

03 MOSFET の特徴

　図2は，MOSFET とバイポーラ形トランジスタの比較である．MOSFET は，ゲート (G) に加える電圧によってドレイン (D)・ソース (S) 間の電流を制御することができる．ただし，ゲートに加えた電圧によってゲートに電流が流れることはない．これがバイポーラ形トランジスタと異なる点である．

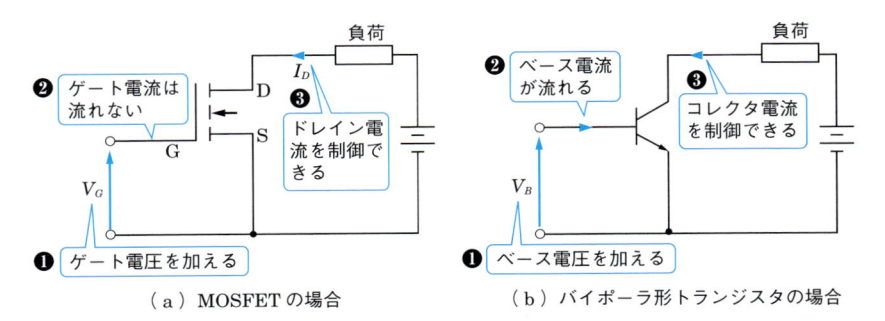

（ a ）MOSFET の場合　　　　　（ b ）バイポーラ形トランジスタの場合

図2 MOSFET とバイポーラ形トランジスタの比較

MOSFET の動作原理

01　エンハンスメント形 n チャネル MOSFET

　MOSFET の n チャネルと p チャネルでは，トランジスタのときと同様に加える電圧や流れる電流の向きが逆になるだけである．ここでは n チャネルのエンハンスメント形の場合について説明していく．

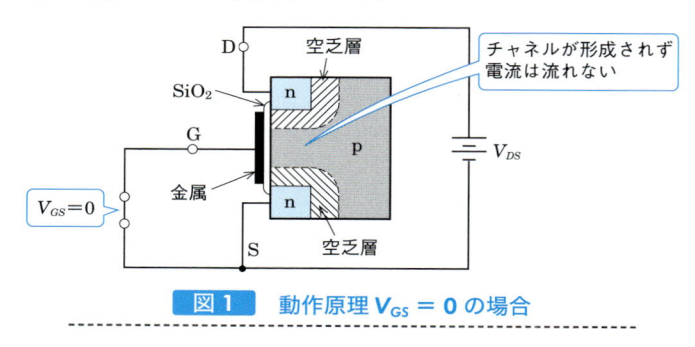

図1　動作原理 $V_{GS} = 0$ の場合

　図1は，エンハンスメント形 n チャネル MOSFET の構造図である．MOSFET は，ドレインからソースへ電流が流れるが，このドレイン・ソース間の電流の通路を**チャネル**という．したがって，ドレインとソースが n 形のこのタイプを **n チャネル**という．

　①　pn 接合があると必ずそこに空乏層がある．

　図1は，ドレイン・ソース間に電圧 V_{DS} を加え，ゲート・ソース間には電圧 V_{GS} を加えていない．この状態でドレインとソースの pn 接合部分では，図の斜線のような空乏層ができているため，ドレイン・ソース間では自由電子の移動は生じず電流は流れない．すなわち，チャネルが形成されない．

　②　ゲート・ソース間電圧で反転層ができる．

　図2のように，ゲート・ソース間に電圧 V_{GS} を加えてみる．すると，ゲート電極に加えられた正の電圧によって，ゲート付近の正孔は右側へ移動し，ソース

電極から自由電子が引き寄せられ，ドレイン・ソース間に n 形半導体と同じ作用をする反転層と呼ばれる領域ができる．したがって，ドレイン・ソース間に n チャネルが形成され，電圧を加えるとドレイン電流が流れる．この反転層は，V_{GS} を大きくするほど広がっていく．このように，V_{GS} を加えるとチャネルができる構造のものを**エンハンスメント形 MOSFET** という．

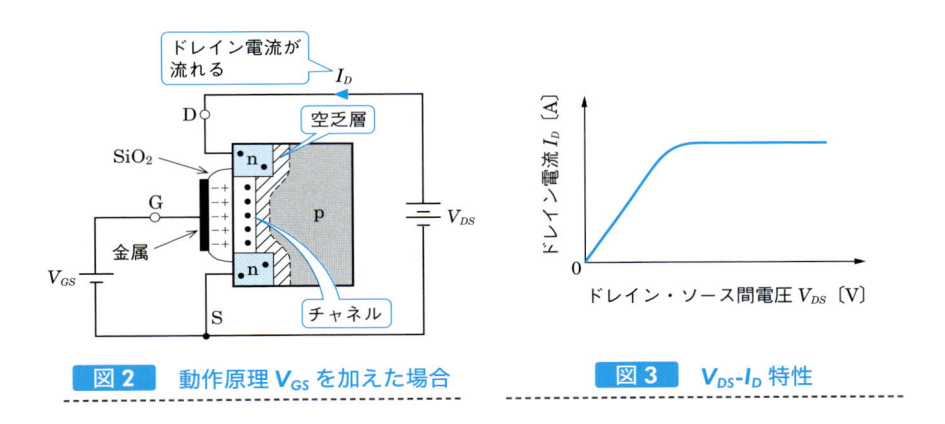

図2 動作原理 V_{GS} を加えた場合　　**図3** V_{DS}-I_D 特性

③　V_{DS} と I_D の関係

ドレイン・ソース間にチャネルが形成され，V_{DS} を変化させたときの I_D の変化は，**図3** のようになる．V_{DS} が小さいときは，I_D と V_{DS} はほぼ比例するが，V_{DS} の増加とともに I_D は飽和していく．

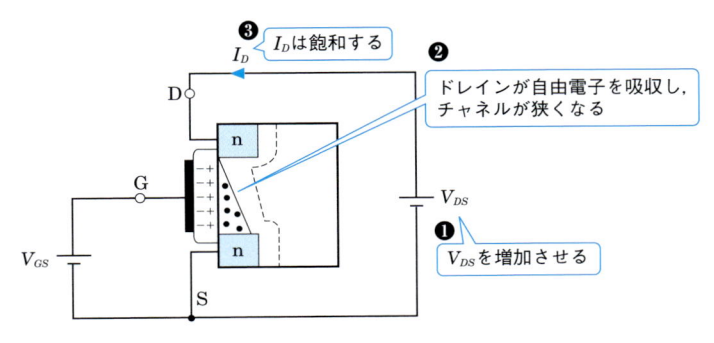

図4　エンハンスメント形 n チャネル MOSFET の動作原理

これは，**図4**に示すように，V_{DS}が大きくなると，ドレインが多くの自由電子を吸収することで，ドレイン付近のチャネルが狭くなるためである．

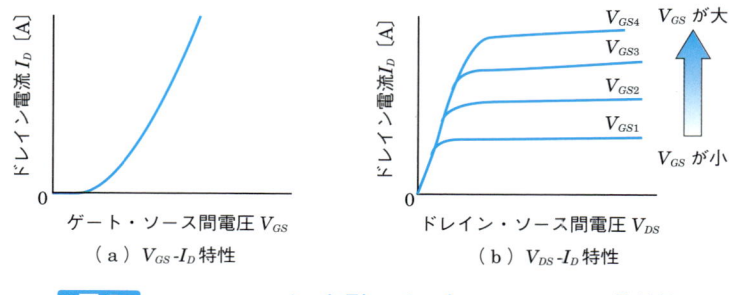

（a）V_{GS}-I_D特性　　（b）V_{DS}-I_D特性

図5　エンハンスメント形 n チャネル MOSFET の静特性

図5は，以上のようなエンハンスメント形nチャネルMOSFETの静特性である．図5（a）はV_{GS}-I_D特性で，V_{GS}が0のときI_Dは流れず，V_{GS}が大きくなるに従って，チャネル幅が広がってI_Dが流れる．図5（b）はV_{GS}を一定にしたときのV_{DS}-I_D特性で，V_{GS}の値に応じて飽和状態のI_Dが変化することがわかる．

02　デプレション形 n チャネル MOSFET

デプレション形nチャネルMOSFETは，V_{GS}を加えなくてもチャネルが形成され，ドレイン電流が流れる構造である．**図6**(a)はその構造図で，最初からゲート付近にドレインやソースと同じn形の不純物が拡散されているため，V_{GS}が0

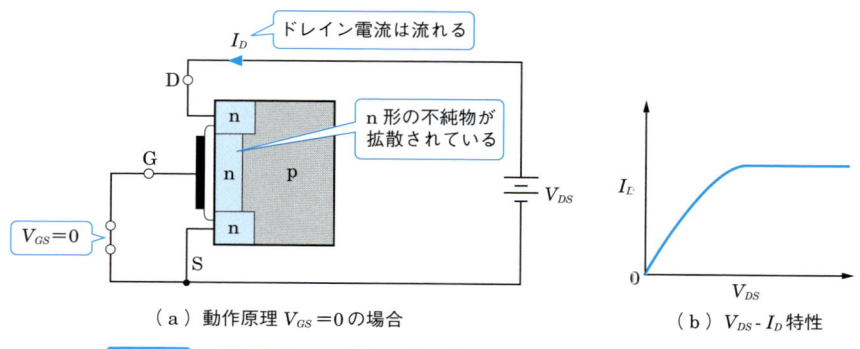

（a）動作原理 V_{GS}＝0の場合　　（b）V_{DS}-I_D特性

図6　デプレション形 n チャネル MOSFET の動作原理（1）

でもドレイン電流 I_D が流れる．そして，エンハンスメント形のチャネル幅の減少と同様に，V_{DS} の増加とともに I_D は飽和していく．

このタイプのゲート電圧の加え方は，**図7** (a) のように，ゲート電極が負の電圧になるようにする．V_{GS} の増加により，ゲート付近の n 形チャネルの自由電子が p 形半導体中に追いやられ，n チャネル幅が狭くなり電流が減少する．

V_{DS}-I_D 特性は，図7 (b) のように V_{GS} によって制御できるが，V_{GS} が 0 のとき I_D は最大で，V_{GS} の増加で I_D は減少する．

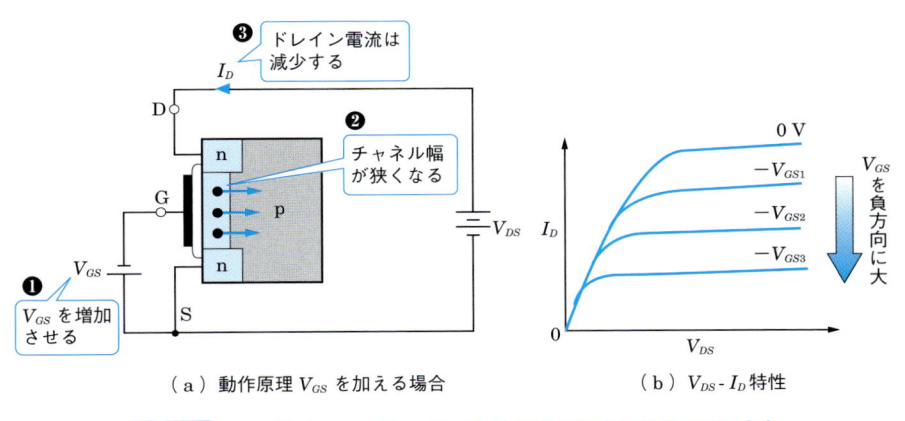

（a）動作原理 V_{GS} を加える場合　　（b）V_{DS}-I_D 特性

図7 デプレション形 n チャネル MOSFET の動作原理（2）

問 2

次の図記号の意味と①から③の各電極名を答えなさい．

(1)　　　　　　　　　　(2)

2-10 MOSFET の使い方

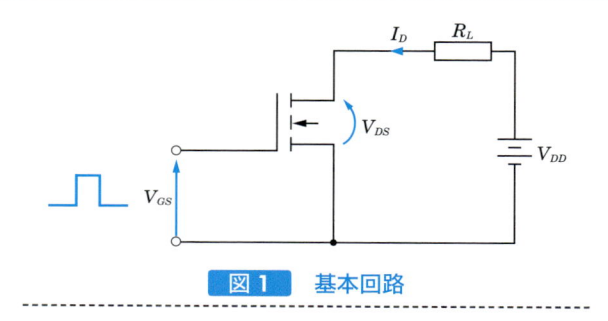

図1　基本回路

　パワーエレクトロニクスでは，MOSFET もスイッチング素子として使用されている．その基本回路はトランジスタと同様で，**図1** のようになる．

　MOSFET はゲート電流は流れず，ゲート電圧 V_{GS} によってドレイン電流 I_D を制御できるため，使用する場合にはスイッチングする負荷の容量を考えて，素子を選択する必要がある．

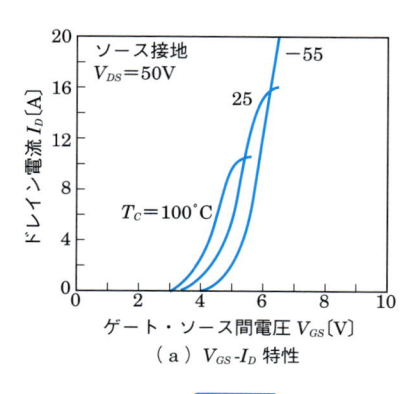

（a）V_{GS}-I_D 特性

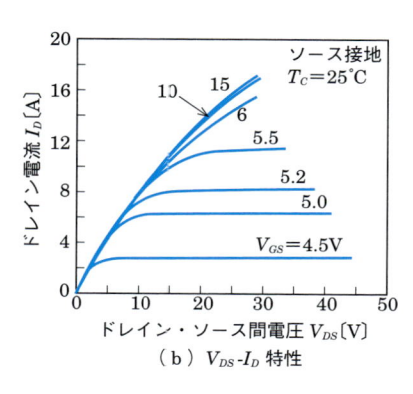

（b）V_{DS}-I_D 特性

図2　MOSFET の特性例（2SK3017：東芝）

　図2は，エンハンスメント形 n チャネル MOSFET 2SK3017（東芝）の特性の例である．図2(a) V_{GS}-I_D 特性からこの素子は，V_{GS} が 0 V ならば回路をオフでき，25℃のとき，V_{GS} が 5 V で I_D が 6 A 流せることがわかる．また，図2(b) から V_{GS} が 5 V ならば，V_{DS} は 10 V 以上加える必要があることも読み取ることができる．しかし，V_{DS} が 10 V 以上，何 V まで加えることができるかは，その素子の最大定格を調べなければならない．表1は，その最大定格表である．この表から V_{DS} は 900 V まで，I_D は 8.5 A まで使用できることがわかる．

表1 MOSFET の最大定格値

項　目		数　値
ドレイン・ソース間電圧 V_{DS}		900 V
ゲート・ソース間電圧 V_{GS}		± 30 V
ドレイン電流 I_D	DC	8.5 A
	パルス	25.5 A
許容損失 P_D		90 W
チャネル温度 T_C		150℃

2SK3017（東芝）の場合

02　MOSFET の特徴

　MOSFET は，入力電圧による制御ができることから入力インピーダンスが高いことがわかる．したがって，ドライブ回路には**図3**のように，CMOS や TTL の IC による直接駆動が可能である．

　また，バイポーラトランジスタに比べてスイッチング速度が格段に速いため，高速のスイッチング素子に適している．

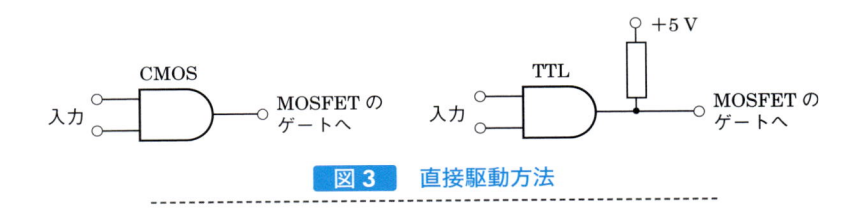

図3 直接駆動方法

37

2-11 IGBT とは

01 IGBT とは

IGBT（Insulated Gate Bipolar Transistor）は，絶縁ゲート形バイポーラトランジスタの略で，MOSFET をバイポーラトランジスタのゲートとして組み込んだ複合素子である．これによって，IGBT は，MOSFET よりスイッチング速度は遅いがバイポーラトランジスタよりはるかに速く，高耐圧・大電流で，MOSFET に比べてオン電圧が低くなるという特徴があり，パワーエレクトロニクス分野で中心的な素子となっている．

02 IGBT の動作原理

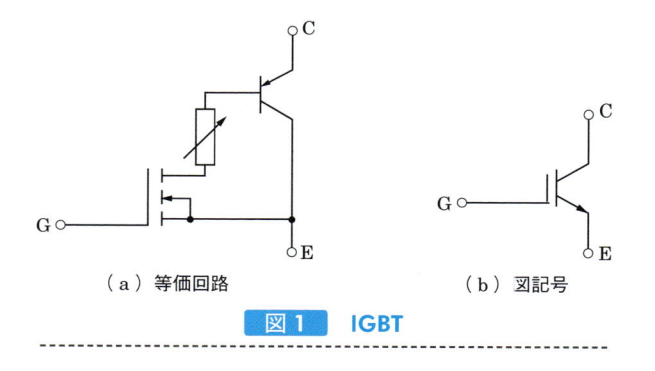

（a）等価回路　　　　（b）図記号

図1　IGBT

IGBT を等価回路で表すと**図1**（a）のようになり，pnp 形バイポーラトランジスタと MOSFET の複合回路になっている．図1（b）は，IGBT の図記号である．

図2（a）において，ゲートに正の電圧 V_{GE} を加えると，ゲート電極部分に n チャネルが形成され MOSFET がオンとなる．すると pnp 形トランジスタの部分が，図2（b）のように，コレクタ側の p 層と n 層が順バイアスされ，p 層の正孔が n 層へなだれ込み，エミッタの p 層まで到達する．したがって，CE 間でキャリアの移動が起こり，IGBT はオンする．

図3は，900 V，60 A 級 IGBT の静特性の例である．

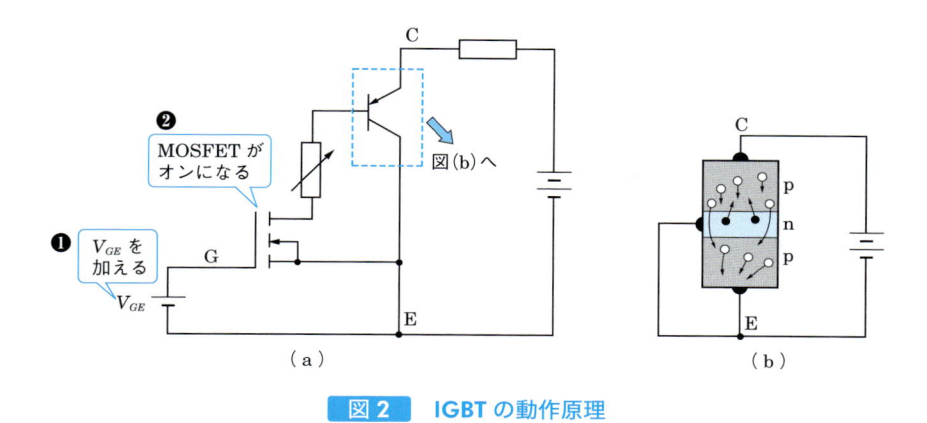

図2　IGBT の動作原理

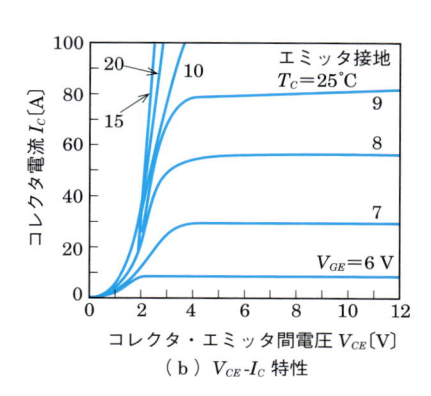

（a）V_{GE}-I_C 特性　　（b）V_{CE}-I_C 特性

図3　IGBT の特性例（GT60M104：東芝）

IGBT は，どのような回路（装置）に
使用されているか．調べてみよう．

2-12 サイリスタのしくみ

01 サイリスタとは

サイリスタ（thyristor）は，p形とn形の半導体を4層に接合したもので，**シリコン制御整流素子**（Silicon Controlled Rectifier），略して **SCR** とも呼ばれる.

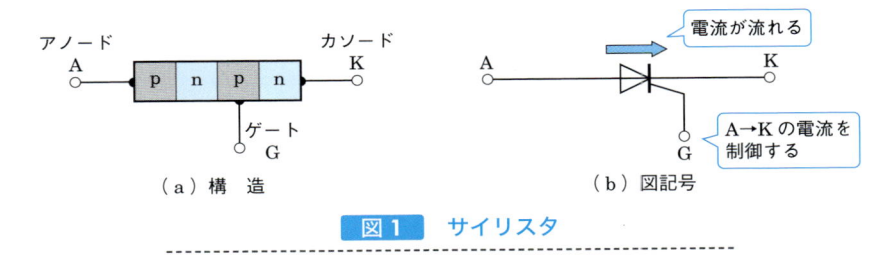

（a）構　造　　　　　　　　　　　　　　（b）図記号

図1　サイリスタ

図1（a）は，サイリスタの構造である．サイリスタは，アノード（A），カソード（K），ゲート（G）の三つの電極をもち，図1（b）は，その図記号である．
サイリスタは，アノードからカソードへの電流をゲートで制御するものである．

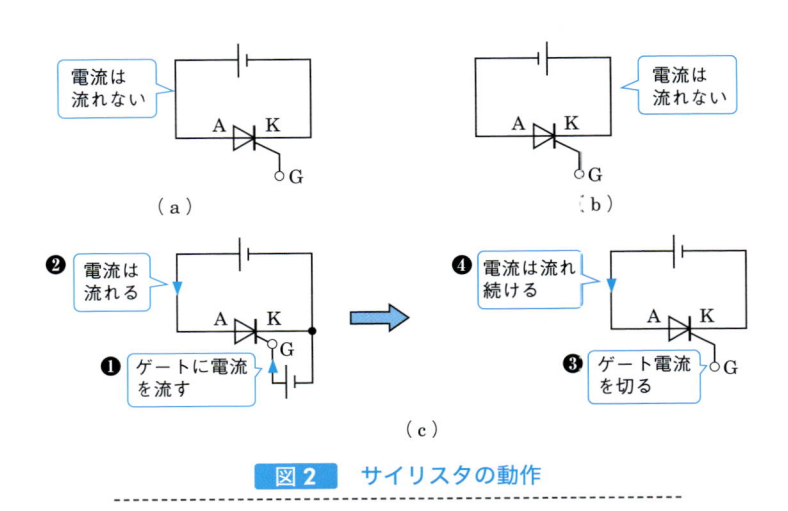

（c）

図2　サイリスタの動作

図2(a)のように，アノード・カソード間に順方向電圧を加えても電流は流れない．もちろん，ダイオードの場合と同様に，図2（b）のように逆方向電圧を加えても電流は流れない．しかし，図2（c）のように，ゲートに電流を流すと，アノード・カソード間に電流が流れる．その後は，ゲート電流を切ってもアノード・カソード間の電流は流れ続ける．アノード・カソード間の電流を切るには，一時電源を切るなどして，サイリスタの動作を遮断しなければならない．その後，再びアノード・カソード間に電圧を加えても，ゲートに電流を再度流さない限り，サイリスタは動作しない．その詳しい動作原理は次の節で述べる．

02 サイリスタの種類

サイリスタにはたくさんの種類がある．**図3**は，それを分類したものである．一方向の電流の制御ができる直流用と，双方向の電流の制御ができる交流用とに分かれる．一般に，サイリスタというと正式名が **3端子逆阻止サイリスタ**（p ゲート）をいう．

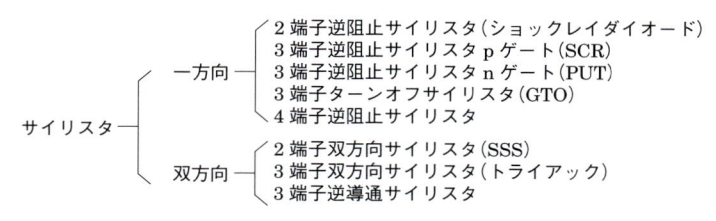

図3 サイリスタの分類

03 サイリスタの外観

図4は，サイリスタの外観例である．

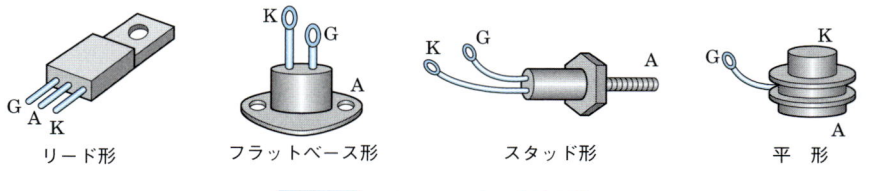

リード形　　　　フラットベース形　　　　スタッド形　　　　平　形

図4 サイリスタの外観例

2-13 サイリスタの動作原理

01 サイリスタはトランジスタ2個の組合せ

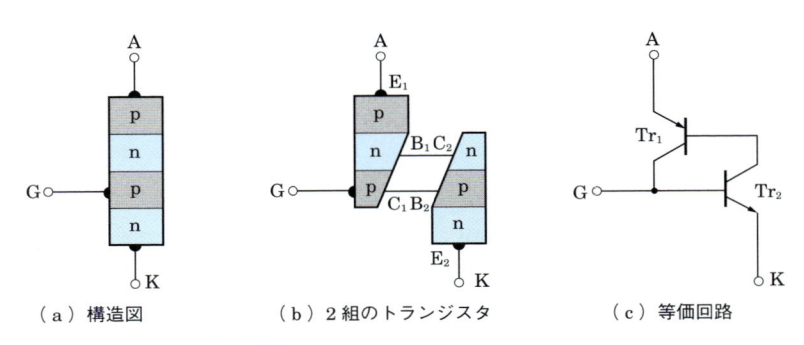

（a）構造図　　　　　（b）2組のトランジスタ　　　　　（c）等価回路

図1 サイリスタの構造と等価回路

　サイリスタは，**図1**（a）のように，アノードからカソードへ pnpn と半導体が並んだ4層構造の素子である．これを図1（b）のように，真ん中から分けると，pnp と npn の層を組み合わせたものと等価になる．この pnp 層は pnp トランジスタ，npn 層は npn トランジスタであるから，pnp 形トランジスタのベースとnpn 形トランジスタのコレクタを，pnp 形トランジスタのコレクタと npn 形トランジスタのベースを結んで，図1（c）のような等価回路ができる．つまり，サイリスタは2個のトランジスタを組み合わせたものと同等であると考えられる．

02 サイリスタの動作

　サイリスタの動作について，2個のトランジスタに置き換えた等価回路をもとに説明していく．

　図2のように，アノード・カソード間に電圧を加えた場合，サイリスタは動作しない．この状態をオフ状態という．これをトランジスタの動作で説明する．トランジスタは，5節で学習したように，ベース電流を流さなければ，コレクタ

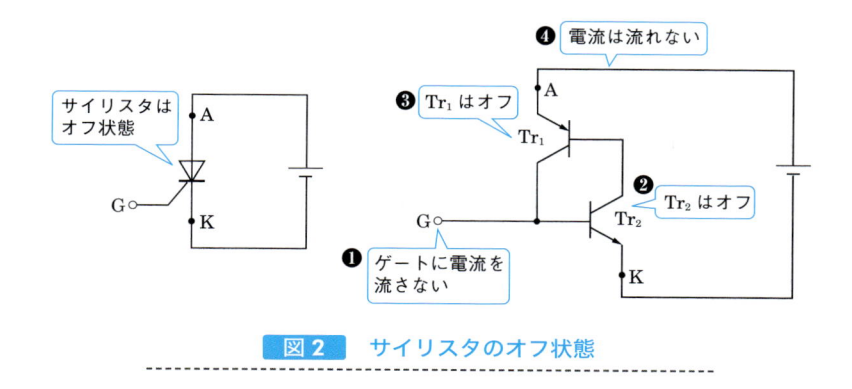

図2 サイリスタのオフ状態

電流は流れない．したがって，ゲートに電流を流さなければ Tr_2 は動作しない．Tr_2 が動作しなければ，Tr_1 のベースにも電流は流れないので，Tr_1 も動作しない．よって，サイリスタはオフ状態で，アノード・カソード間には電流は流れないことになる．

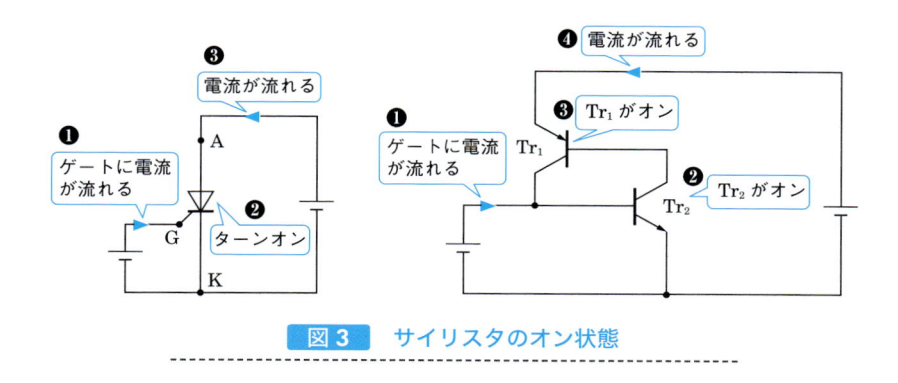

図3 サイリスタのオン状態

図3のように，アノード・カソード間に電圧を加え，ゲートに電流を流す場合，サイリスタはオンする．サイリスタがオフ状態からオン状態へ移る動作を**ターンオン**という．ゲートに電流が流れると Tr_2 のベースに電流が流れるので Tr_2 がオンする．続いて，Tr_2 のコレクタ電流が Tr_1 のベース電流でもあるので Tr_1 がオンする．Tr_1 がオンすると，Tr_1 のコレクタ電流が Tr_2 のベース電流に流れて，Tr_2 をオンして…というように，Tr_1 と Tr_2 でループ回路ができ，ゲート電流を取

り去ってもオン状態が続く.

トランジスタは,ベース電流を流している間だけオン状態であるが,サイリスタは,オンさせる瞬間だけゲート電流を流してやればよい.これがサイリスタの動作の特徴である.

サイリスタをオン状態からオフ状態にすることを**ターンオフ**という.オン状態のサイリスタをターンオフするには,一時電源を切るか,**図4**のように,逆電圧を加えてサイリスタに流れている電流を少なくして,サイリスタをオンすることができる最低電流(保持電流)以下にする.このように,サイリスタをターンオフさせるには外部回路が必要で,この回路を**転流回路**という.

なお,交流電源を使った場合は,電源電圧が半サイクルごとに0になるので,サイリスタは,ターンオフ操作を特にしなくても0V付近で自動的にターンオフしてくれる.

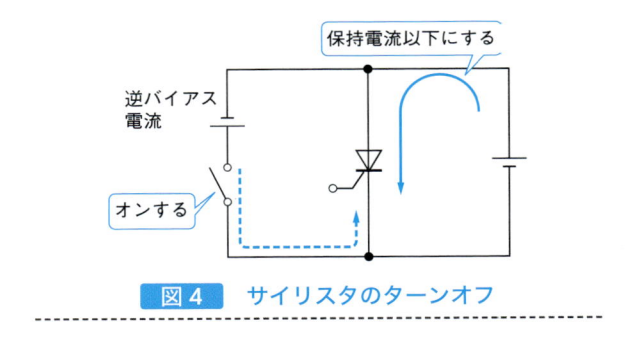

図4 サイリスタのターンオフ

03 サイリスタの特性

図5は,サイリスタの電圧-電流特性である.ゲート電流が0のとき,順方向電圧を上昇させていき,ある電圧以上になると,オフ状態を保てずサイリスタはターンオンする.この現象を**ブレークオーバ**といい,この電圧を**ブレークオーバ電圧**という.サイリスタのオフ状態の定格電圧は,この電圧より少し低い電圧になる.また,ブレークオーバ電圧は,ゲート電流が大きくなるに従って低下する.

サイリスタは,一度ターンオンすると順方向の電流がある値以上流れていればオンし続ける.このオンし続けることのできる電流を**保持電流**という.

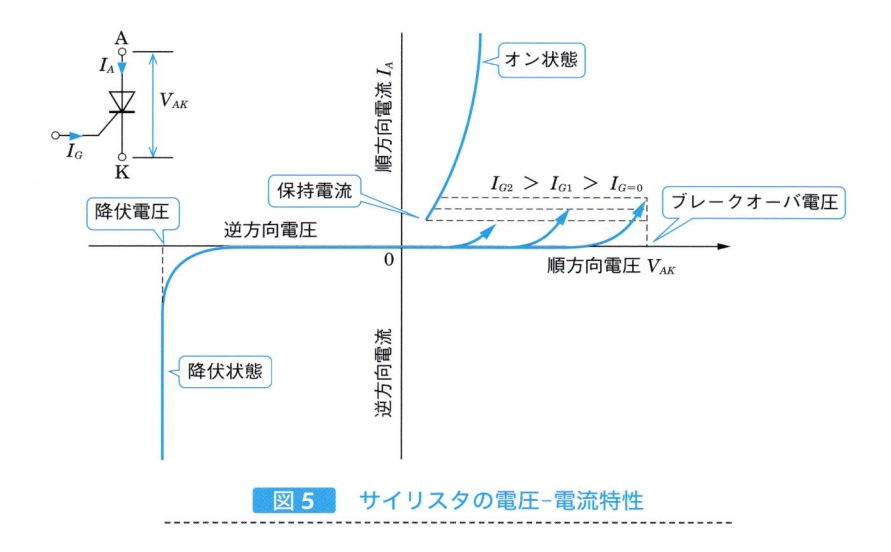

図5 サイリスタの電圧-電流特性

サイリスタの逆方向の特性は，ダイオードのときと同じ特性である．降伏電圧以上では，逆方向電流が急激に増加し，素子を破壊してしまうので，必ずこの電圧以下で使用しなければならない．

素子を壊してしまわないように気をつけよう!

2-14 サイリスタの種類

01 PUT（3端子逆阻止サイリスタ・nゲート）

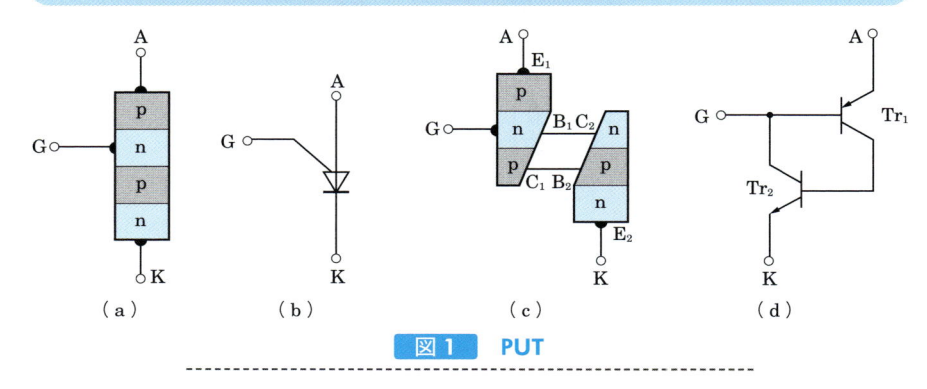

図1 PUT

PUT（Programmable Uni-junction Transistor）は，**図1**（a）のように，アノードよりのn層からゲートを取り出したもので，図1（b）はその図記号である．図1（a）の構造を図1（c）のように，2つに分けると図1（d）のような等価回路になる．このサイリスタは，ゲート端子に電流が流れると，pnp形トランジスタがオンし，続いてnpn形トランジスタがオンとなり，ターンオンすることがわかる．このサイリスタは，アノード端子の電圧がゲート端子の電圧より大きくなるとターンオンするという特性から，トリガ素子，スイッチング素子として用いられている（詳しい回路構成は，3章5節「パルスの発生方法」を参照）．

02 ショックレイダイオード（2端子逆阻止サイリスタ）

ショックレイダイオードは，**図2**のように，pnpnの4層構造のサイリスタからゲートを取った2端子素子で，ゲートのないサイリスタといわれる．図2(b)は，その図記号である．このサイリスタも図2（c）のように2つに分けると，図2（d）のような2つのトランジスタを互いに正帰還となるように組み合わせた等価回路になる．

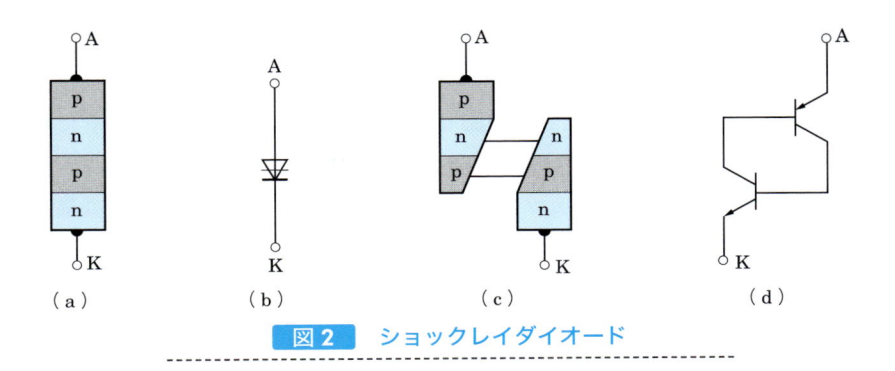

図2 ショックレイダイオード

　ショックレイダイオードは，ゲートがないためターンオンするには，ブレークオーバ電圧を利用する．サイリスタは，最大定格より高い電圧を加えるとブレークオーバが発生するが，ショックレイダイオードは，割合低い電圧でブレークオーバが発生する構造になっており，繰り返しブレークオーバによるオンが可能である．このサイリスタは，トリガ素子として用いられている．

03　GTO（3端子ターンオフサイリスタ）

　一般のサイリスタは，ゲート電流を流してターンオンしたら，ゲートは制御機能を失い，ターンオフさせることはできない．GTOは，Gate Turn Offthyristorの略で，文字どおりゲート信号でターンオフできるサイリスタのことである．したがって，転流回路は不要である．

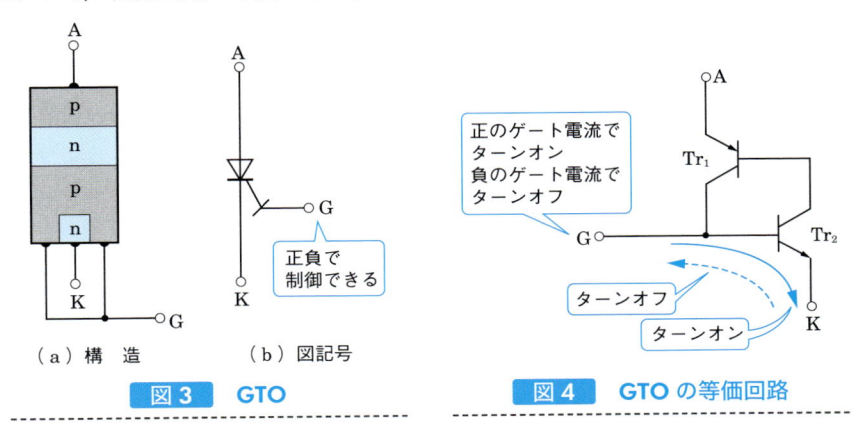

（a）構　造　　　（b）図記号

図3 GTO

図4 GTOの等価回路

GTOは，ゲートに正の電流が流れるとターンオンし，負の電流が流れるとターンオフする．**図3**は，GTOの構造と図記号である．構造的には，一般のサイリスタと変わらないため，等価回路は**図4**のようになる．しかし，ゲートに負の電流が流れるとnpn形トランジスタTr_2がカットオフとなり，サイリスタがターンオフするようにするため，カソード電極をゲート電極で取り囲むような構造の工夫がされている．それによって，ゲート信号がカソード全面に作用するようになっている．

GTOは，ターンオフ特性以外，一般のサイリスタと同じであるが，一般のサイリスタに比べて，ゲートトリガ電流，保持電流，オン状態電圧が大きいなどの短所がある．

04 トライアック（3端子双方向サイリスタ）

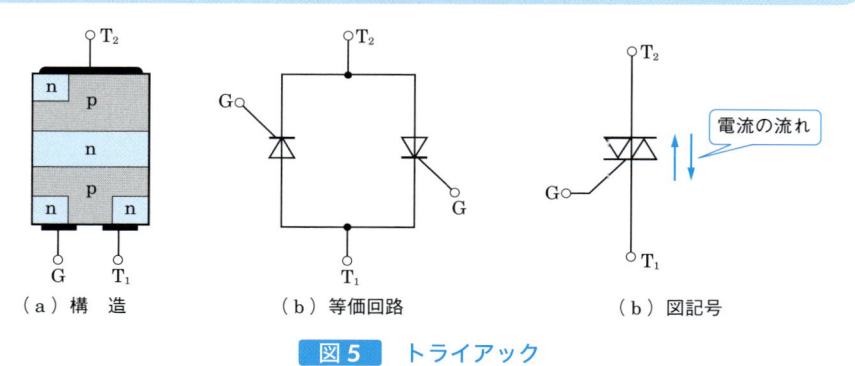

（a）構　造　　　　　（b）等価回路　　　　　（b）図記号

図5 トライアック

トライアック（triac）は，3端子交流スイッチ（triode AC switch）の略で，交流にも使える双方向性のサイリスタである．**図5**は，トライアックの構造と図記号である．一般のサイリスタを逆並列にし，1つのゲートで制御するようにできており，電圧の極性がどちらの方向でも，ターンオンさせることができる．そのため，交流機器の制御に広く用いられている．

05 SSS（2端子双方向サイリスタ）

SSS（Silicon Symmetrical Switch）は，2個のショックレイダイオードを逆並列に接続したもの，あるいは，トライアックからゲート電極を取ったものである．

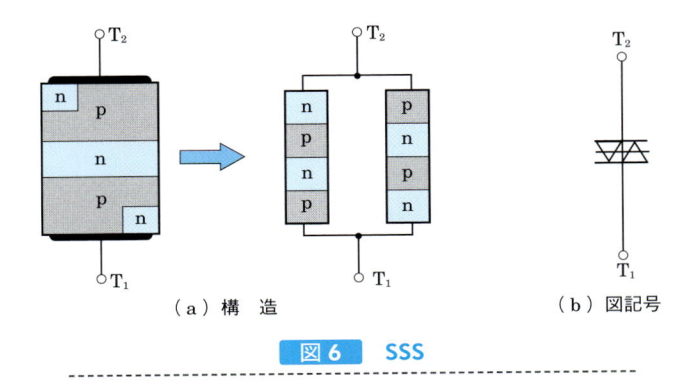

（a）構　造　　　　　　　　　　　　　　　　（b）図記号

図 6　SSS

図 6 は，SSS の構造と図記号である．SSS は，ゲート電極がないため，T_1 と T_2 間の電圧を大きくしていき，ブレークオーバ電圧でターンオンする．トライアックなどのトリガ素子として用いられている．

06　3 端子逆導通サイリスタ

　逆導通サイリスタは，サイリスタとダイオードを逆並列に構成したもので，**図 7** は，構造と図記号である．一般のサイリスタは，逆阻止形と呼ばれ，アノード・カソード間に逆電圧を加えた場合，逆方向電流はほとんど流れない．これに対して，逆導通サイリスタは，逆方向にも順方向と同様の電流が流れる．

　このサイリスタは，高速スイッチング，高耐圧，大電流という特長をもつ．

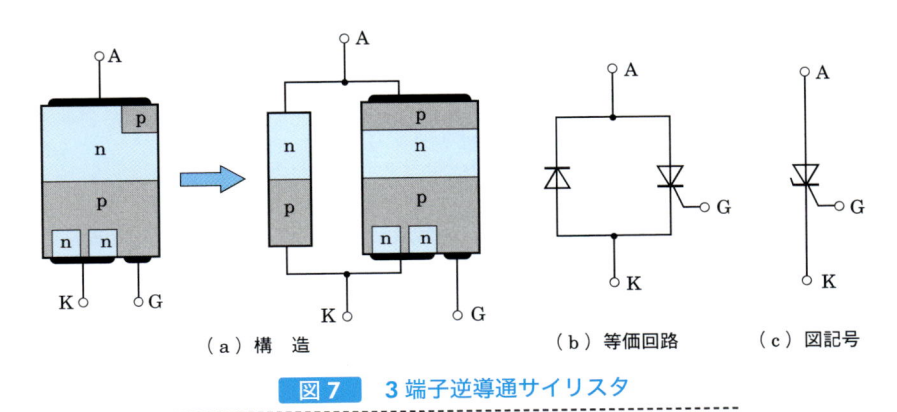

（a）構　造　　　　　　　　（b）等価回路　　　　（c）図記号

図 7　3 端子逆導通サイリスタ

07　SCS（4端子逆阻止サイリスタ）

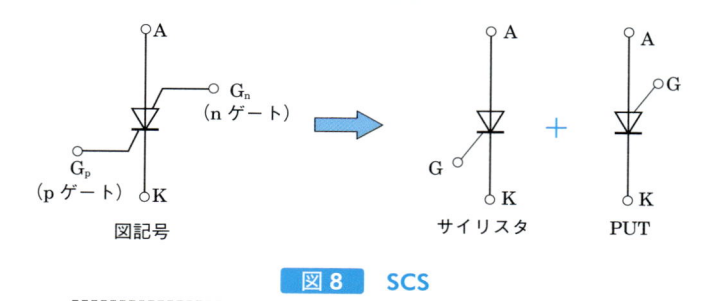

図8　SCS

SCS（Silicon Controlled Switch）は，アノードとカソードに2つのゲートをもつ4端子構造からなる（**図8**参照）．このサイリスタは，G_p ゲートを用いればサイリスタとして，G_n ゲートを用いれば PUT として使うことができる便利な素子だが，現在ではほとんど使用されていない．

08　感光サイリスタ

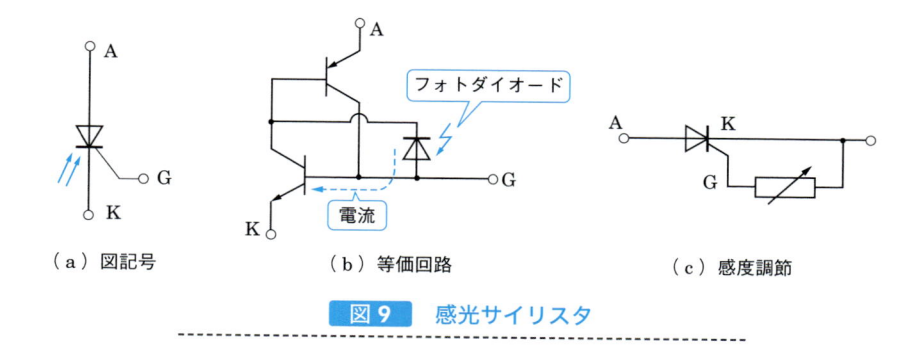

（a）図記号　　（b）等価回路　　（c）感度調節

図9　感光サイリスタ

感光サイリスタは，**LASCR**（Light Activated Silicon Controlled Rectifier）とも呼ばれ，ゲートに電気信号を与える代わりに，光を当ててターンオンさせることのできる素子である．**図9**（a）は図記号で，図9（b）は等価回路である．素子の動作は，フォトダイオードに光が当たらないときは，逆バイアスでカットオフとなり，光が当たると，電流が流れて npn のトランジスタのベースに流れ込み，

ターンオンする．光の感度は，図 9（c）のように，ゲート・カソード間に接続した抵抗値で調節することができる．このサイリスタは，光を当てる代わりに，ゲートに電流を流して普通のサイリスタとして使うこともできる．

09 感熱サイリスタ

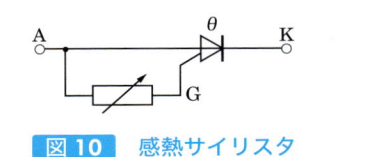

図 10　感熱サイリスタ

感熱サイリスタは，熱を感じるとターンオンする PUT である．図 10 のように，ゲート・アノード間に接続した抵抗によって，ターンオンする温度を変えることができる．いったんオンすると，温度が下がっても保持電流以下にならない限りオン状態が続く．

10 逆導通ターンオフサイリスタ

逆導通ターンオフサイリスタは，GTO（3 端子ターンオフサイリスタ）とダイオードを逆並列に構成したもので，図 11 は，図記号と等価回路である．

このサイリスタは，逆方向にも順方向と同様の電流が流れ，高速スイッチング，高耐性，大容量という特長をもつ．

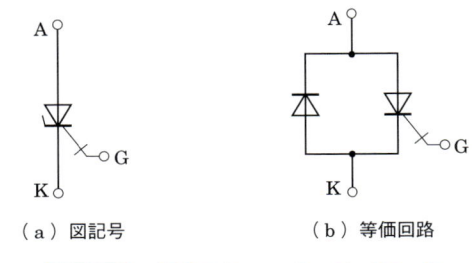

（a）図記号　　　　　（b）等価回路

図 11　逆導通ターンオフサイリスタ

2-15 パワーモジュール

01 パワーモジュールとは

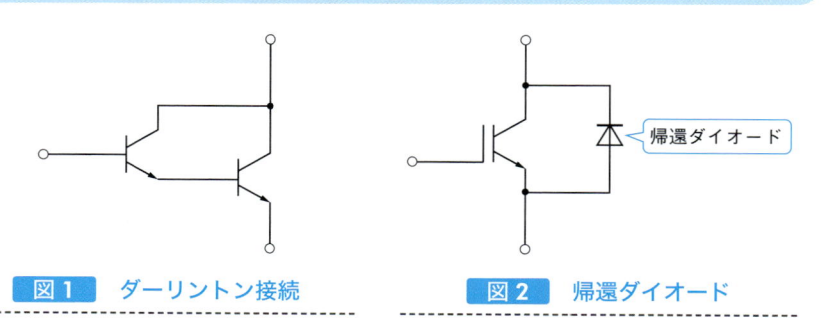

| 図1 | ダーリントン接続 |
| 図2 | 帰還ダイオード |

パワーモジュールは，複数個の半導体素子をほかの電子部品とともに一つのパッケージに組み込んだものである．

一例として，例えばパワートランジスタは，電流容量が増すと直流電流増幅率 h_{FE} が低下する傾向があり，小さい信号で大きい負荷を開閉したい場合，**図1**のようなダーリントン接続を採用している．また，モータ負荷などの誘導性負荷を駆動するときは，素子に流れる電流を電源へ戻すため，素子と逆並列に接続される帰還ダイオードが必要である（**図2**参照）．このため，大容量のトランジスタ素子などはダーリントン接続され，さらにほかのスイッチング素子でも，帰還ダイオードを組み込んで一つのモジュールにしたものが多く製品化されている．パワーモジュールは，複数の素子が集積化され，装置の小型軽量化，省力化，コストダウンなどの特長がある．

02 パワーモジュールの例

図3は，三相モータドライブ用でnpn形トランジスタを3個内蔵したもの，**図4**は，モータ制御用インバータ装置のインバータ部，コンバータ部を内蔵したパワーモジュールの例である．

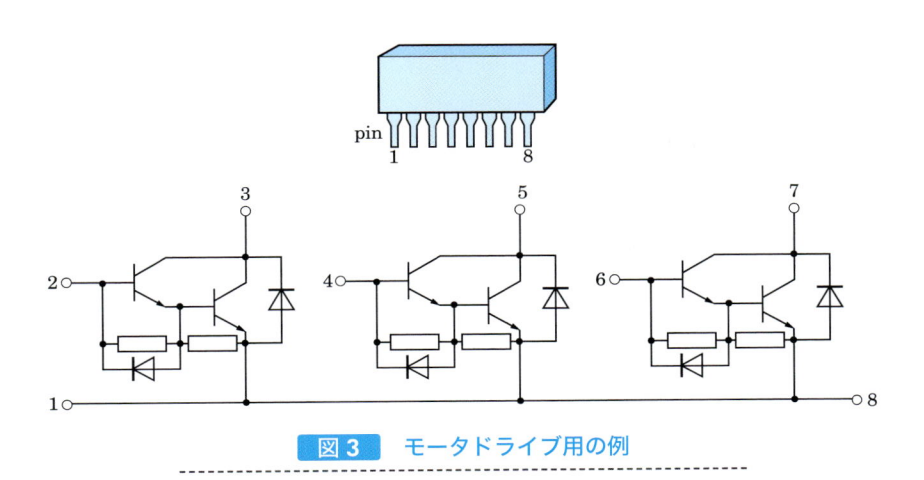

図3 モータドライブ用の例

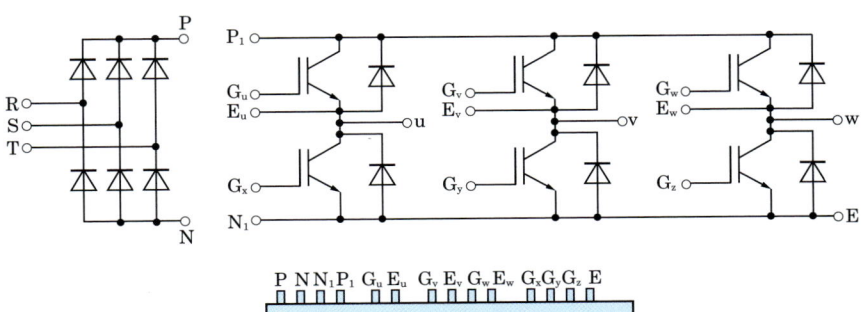

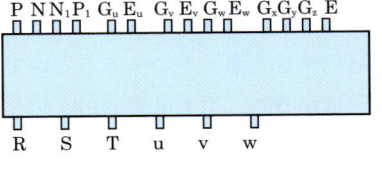

図4 インバータ装置用の例

パワーモジュールの種類について
調べてみよう.

2-16 SiC

01 SiC とは

　パワーエレクトロニクスに用いられる半導体素子の多くは，現在 Si（シリコン）を基板としてつくられている．大容量で高性能な半導体デバイスには，高い耐圧や高温での使用，損失の少ない電力変換が求められ，Si デバイスでは限界がある．

　SiC（シリコンカーバイド）は，シリコン（Si）と炭素（C）で構成される化合物半導体材料である．SiC は Si と比べて，次のような特徴がある（**図 1** 参照）．

(1) 絶縁破壊電界強度が Si と比べ約 10 倍高い

(2) Si よりもオン時の損失やスイッチング損失が小さい

(3) 高温動作が可能

SiC は，Si の限界を超えるパワーデバイス用材料として期待されている．

　SiC の特性を生かせば，Si よりもオン時の損失やスイッチング損失が小さいため，エネルギー効率の高いパワー素子をつくることができる．さらに電力損失が低減したことにより発熱量が減り，電力変換器の小型化が可能になる．また，スイッチング損失が小さいことを生かすことで，電力変換器の構成部品の小型化，

パワーエレクトロニクスに用いられるような電力用途の半導体素子をパワー半導体デバイス，単にパワーデバイス，半導体バルブデバイスなどと呼びます

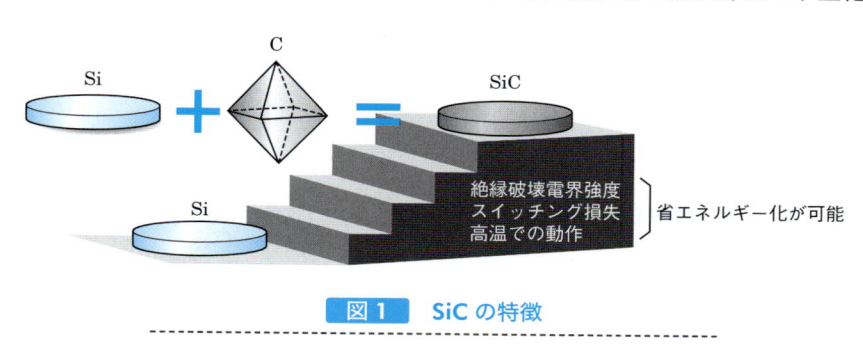

図 1 SiC の特徴

高温下でも動作できる特徴を生かして，冷却機構の小型化や省略をすることもできる．

02 SiC によるダイオード

一般的なダイオードは pn 接合からなるが，**図 2** のように，ある金属と n 形半導体を接合すると，金属から n 形半導体に電流が流れるが，その逆は流れない．この現象を利用したダイオードをショットキーバリアダイオード（SBD）という．

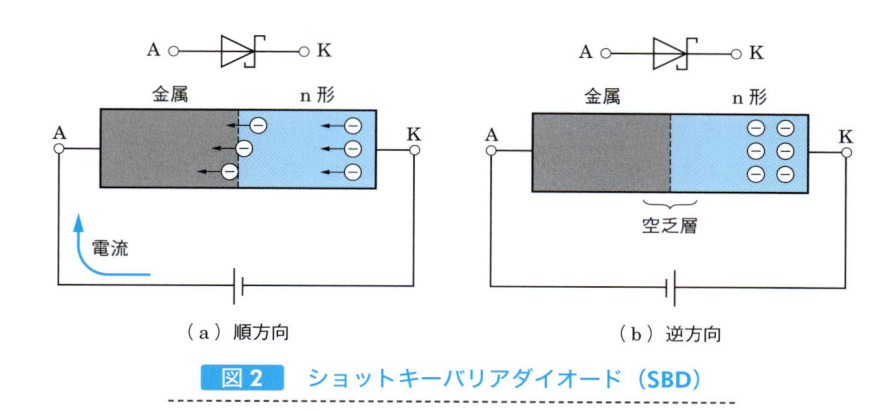

（a）順方向　　　　　　　　　　（b）逆方向

図2　ショットキーバリアダイオード（SBD）

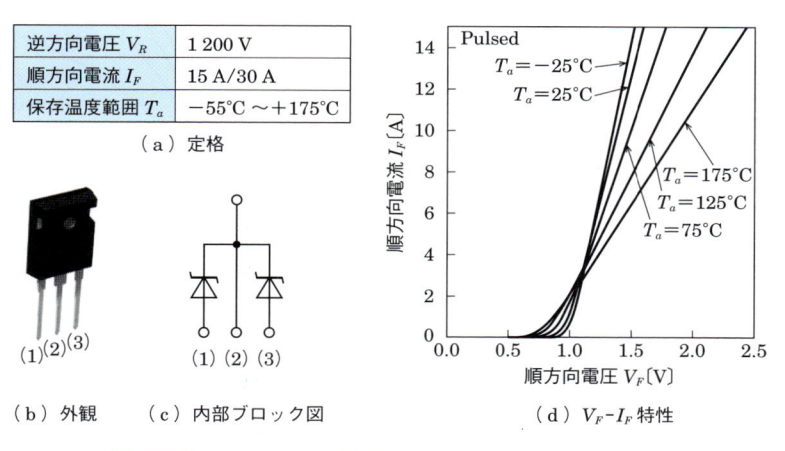

逆方向電圧 V_R	1 200 V
順方向電流 I_F	15 A/30 A
保存温度範囲 T_a	−55℃ ～+175℃

（a）定格

（b）外観　　（c）内部ブロック図　　　　（d）V_F-I_F 特性

図3　SiC−SBD の例（SCS230KE2AHR：ROHM）

一般的に pn 接合のダイオードと比較して順方向電圧が低く，正孔をキャリアとしていないので，スイッチング特性が良いが，逆方向漏れ電流が大きく，逆方向耐電圧が低いという欠点もある．

SiC は，高い絶縁破壊電界強度と高耐圧化が容易となるため，Si では実現できなかった SBD を作製することが可能となった。SiC-SBD は，蓄積キャリアがないため，高速のスイッチングが可能である．

図 3 は，SiC によるショットキーバリアダイオードの規格と特性表である．SiC ダイオードは，太陽光発電システムのパワーコンディショナ，エアコンや高級なコンピュータの電源回路など，多くの機器に使われるようになってきている．

03　SiC による MOSFET

Si デバイスによる高電圧のスイッチング素子には，主に IGBT が使用されてきた．しかし，IGBT は MOSFET に比べてオン抵抗が小さくなるが，一方で少数キャリアの蓄積によってターンオフ時に大きなスイッチング損失が生じていた．

SiC-MOSFET では，高耐圧と低抵抗を両立でき，Si-IGBT のような立上り電圧がないため小電流から大電流まで広い電流領域で低導通損失を達成できる．

図 4 は，SiC による MOSFET の定格と特性表である．

ドレイン・ソース間電圧 V_{DS}	1 200 V
ドレイン電流 I_D	68 A
保存温度範囲 T_a	$-55℃ \sim +175℃$

（a）定格

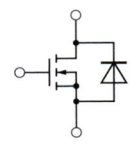

（b）内部ブロック図

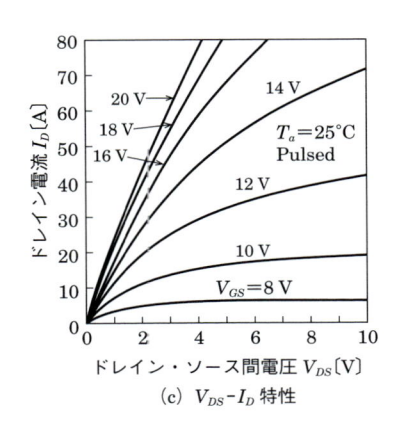

（c）V_{DS}-I_D 特性

図 4　**SiC-MOSFET の例（S2307：ROHM）**

04 SiC によるパワーモジュール

大電流を扱うパワーモジュールには，Si の IGBT と逆並列に還流ダイオードを組み合わせた IGBT モジュールが広く用いられている．

そこで，Si の IGBT を SiC の MOSFET に，Si のダイオードを SiC の SBD に置き換えたパワーモジュールがつくられている．図 5 は，産業用 SiC パワーモジュールの例で，Si で作った場合と比べて設置面積と電力損失を大幅に削減している．

（a）外観（92.3×121.7 mm）

用　途	定格電圧	定格電流
産業機器	1 200 V	800 A

（b）定格

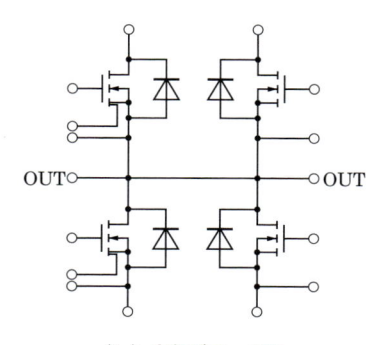

（b）内部ブロック図

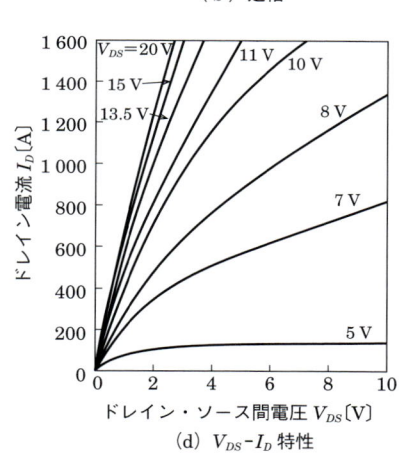

（d）V_{DS}-I_D 特性

図5　SiC パワーモジュールの例（**FMF800DX-24A**：三菱）

ⒸⓄⓁⓊⓂⓃ
半導体の命名法

　半導体の名前の付け方は，日本工業規格（JIS C 7012）によって，次のように決められていた（現在は廃止され，JEITA EDR-4102 で定められている）．

第1項	第2項	第3項	第4項	第5項
数　字	文　字	文　字	数　字	文　字

○第1項の数字は，素子の電極数から 1 を引いた数字になっている．

　　1 …… 2極素子（ダイオード）

　　2 …… 3極素子（トランジスタなど）

　　3 …… 4極素子

○第2項の文字は，半導体（semiconductor）の頭文字の S になる．

○第3項の文字は，次の表1のように分類されている．

表1

第3項の文字	構造および用途
A	pnp 形トランジスタ，高周波用
B	pnp 形トランジスタ，低周波用
C	npn 形トランジスタ，高周波用
D	npn 形トランジスタ，低周波用
F	p ゲートサイリスタ
G	n ゲートサイリスタ
H	n ベース単接合トランジスタ
J	p チャネル FET
K	n チャネル FET
N	三極双方向サイリスタ

○第4項の数字は，登録番号になる．

○第5項の文字は，改良した場合に，A，B，C，…を付ける．

　例えば，「2SC1815A」という半導体は，高周波用 npn 形トランジスタで，登録番号が 1815，改良の最初のものという意味である．

2 章のまとめ

01　半導体

導体と不導体の中間の性質をもち，温度上昇によって抵抗値が減少する．

02　n 形，p 形半導体

シリコンなどの 4 価の真性半導体に，5 価のアンチモンやひ素などの不純物を加えたものを n 形半導体といい，多数キャリアは電子である．

また，3 価のインジウムやガリウムなどの不純物を加えたものを p 形半導体といい，多数キャリアは正孔である．

03　ダイオード

p 形半導体と n 形半導体を 2 つ組み合わせて pn 接合した半導体素子をダイオードといい，アノードからカソードへ電流を流すが，逆の方向には電流を流さない．

04　トランジスタ

トランジスタは，p 形半導体と n 形半導体を 3 つ組み合わせたもので，npn 形と pnp 形がある．ベース電流によって，コレクタ電流を制御し，パワーエレクトロニクスでは，スイッチとして用いる．

05　MOSFET

MOSFET は，ゲート電圧によってドレイン電流を制御できる．n チャネルと p チャネル，エンハンスメント形とデプレション形がある．

06　IGBT

MOSFET をバイポーラトランジスタのゲートとして組み込んだ複合素子である．MOSFET よりスイッチング速度は遅いが，バイポーラトランジスタより速く，高耐圧・大電流である．

07 サイリスタ

サイリスタは，p 形と n 形の半導体を 4 層にしたもので，SCR とも呼ばれる．

ターンオフさせるには，転流回路が必要である．サイリスタは，その構造からたくさんの種類がある．

08 パワーモジュール

複数の半導体素子をほかの電子部品とともに 1 つのパッケージに組み込んだもの．

09 SiC

SiC（シリコンカーバイト）は，シリコン（Si）と炭素（C）で構成される化合物半導体材料である．Si に比べて，絶縁破壊電界強度が高い，スイッチング損失が小さい，高温動作が可能など，パワー半導体デバイス用材料として期待されている．

10 半導体の命名法

日本工業規格（JIS C 7012）によって決められていたが，現在は JEITA-4102 で定められている．

問 3

次の文の（　）の中に適する用語を以下の語群から選び，その記号を記入しなさい．

(1) 純粋な半導体の結晶内に不純物原子が加わると，（　　）結合を行う結晶中の電子に過不足が生じることによりキャリアが発生し，導電性が高まる．

(2) 半導体の pn 接合部に外部から逆方向電圧を加えると，p 形領域の多数キャリアである正孔は電源の負極に引かれ，（　　）が広がる．

(3) 半導体には電気伝導に寄与するキャリアの違いにより p 形と n 形があり，このうち n 形の半導体における少数キャリアは，（　　）である．

(4) シリコン原子は 4 個の（　　）をもっており，原子核から最も外側の軌道に位置する．

〈語群〉

ア．価電子帯　　イ．空乏層　　ウ．n 形領域　　エ．共有　　オ．イオン
カ．誘導　　　　キ．自由電子　　ク．正孔　　ケ．p 形領域　　コ．価電子

問 4

トランジスタ回路において，ベース電流 I_B が $40\,\mu\mathrm{A}$，エミッタ電流 I_E が $2.62\,\mathrm{mA}$ である．コレクタ電流 I_C を求めよ．また，直流電流増幅率 h_{FE} はいくらか．

問 5

次のパワー半導体デバイスの定常的な動作に関する記述として，正しいものには○，誤っているものには×を記入しなさい．

(1) ダイオードの導通，非導通は，そのダイオードに印加される電圧の極性で決まり，導通時は回路電圧と負荷などで決まる順電流が流れる．（　　）

(2) サイリスタは，オンのゲート電流が与えられて順方向の電流が流れている状態であれば，その後にゲート電流を取り去っても，順方向の電流に続く逆方向の電流を流すことができる．（　　）

(3) オフしている IGBT は，順電圧が印加されていてオンのゲート電圧を与えると順電流を流すことができ，その状態からゲート電圧を取り去ると非導通となる．（　　）

問6

次のバルブデバイスに関する記述として，誤っているものを次の (1)〜(5) のうちから一つ選びなさい．

(1) 整流ダイオードは，n 形半導体と p 形半導体による pn 接合で整流を行う．

(2) 逆阻止三端子サイリスタは，ターンオンだけが制御可能なバルブデバイスである．

(3) パワートランジスタは，遮断領域と能動領域とを切り換えて電力スイッチとして使用する．

(4) パワー MOSFET は，主に電圧が低い変換装置において高い周波数でのスイッチングする用途に用いられる．

(5) IGBT は，バイポーラトランジスタと MOSFET との複合機能デバイスであり，それぞれの長所を併せ持つ．

問7

パワーエレクトロニクスのスイッチング素子として，逆阻止3端子サイリスタは，素子のカソード端子に対して，アノード端子に加わる電圧が ［(ア)］ のとき，ゲートに電流を注入するとターンオンする．同様に，npn 形のバイポーラトランジスタでは，素子のエミッタ端子に対して，コレクタ端子に加わる電圧が ［(イ)］ のとき，ベースに電流を注入するとターンオンする．

なお，オンしている状態をターンオフさせる機能がある素子は ［(ウ)］ である．

上記の記述中の空白箇所（ア），（イ）および（ウ）に記入する語句として，正しく組み合わせたものは次のうちどれか．

	(ア)	(イ)	(ウ)
(1)	正	正	npn バイポーラトランジスタ
(2)	正	正	逆阻止3端子サイリスタ
(3)	正	負	逆阻止3端子サイリスタ
(4)	負	正	逆阻止3端子サイリスタ
(5)	負	負	npn バイポーラトランジスタ

3章

電子回路と制御の基礎

　パワーエレクトロニクスの回路を学習するには，基本的な電子回路の知識が必要である．特に，コンデンサ（キャパシタ）やインダクタンスの特性は重要である．また，半導体素子を制御するためには，パルス回路についても知っておかなければならない．

この章では，*RLC* の特性から高調波の発生までの電子回路の基礎について説明する．

3-01 *RC* 回路の過渡特性

01 コンデンサの充電

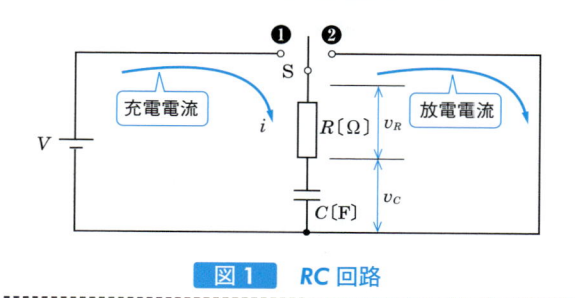

図1 *RC* 回路

　図1のような回路において，スイッチSを❶側に入れた場合の電流，電圧の変化について考えてみる．普通，コンデンサ（キャパシタともいう）には直流電流は流れない．しかし，時刻 $t = 0$ でスイッチSを❶側に入れた瞬間には充電電流 i が流れ，抵抗 R 〔Ω〕とコンデンサ C 〔F〕にかかる電圧 v_R，v_C は変化する．

　$t = 0$ で，スイッチSを❶側に入れたときの充電電流を i とすると，v_R と v_C は，次のようになる．

$$v_R = iR, \quad v_C = \frac{1}{C} \int i\,dt \tag{1}$$

したがって，以下の式が成立する．

$$V = v_R + v_C = iR + \frac{1}{C} \int i\,dt \tag{2}$$

　上式（2）を，i について，$t = 0$ でコンデンサの電荷 $q = 0$ の初期条件で解くと，次のようになる．

$$i = \frac{V}{R} \varepsilon^{-\frac{1}{RC}t} \tag{3}$$

ただし，ε は自然対数の底：$\varepsilon = 2.718$

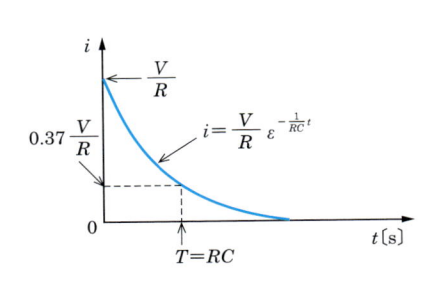

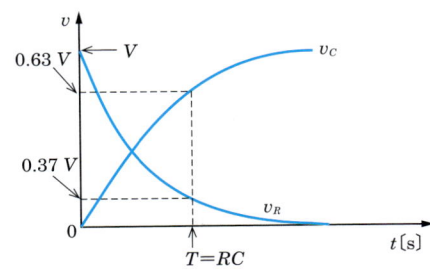

図2　充電電流の変化　　　　　　　図3　v_R，v_C の変化

これをグラフに表すと，**図2**のようになり，充電電流は指数関数的に減少する．また，v_R，v_C は，次のように求まり，**図3**のようなグラフになる．

$$v_R = iR = V\varepsilon^{-\frac{1}{RC}t} \tag{4}$$

$$v_C = V - v_R = V\left(1 - \varepsilon^{-\frac{1}{RC}t}\right) \tag{5}$$

このように，RC 回路に直流電圧を加えたときの電圧と電流は，指数関数的な過渡特性を示す．

コンデンサの静電容量 C〔F〕と抵抗 R〔Ω〕との積，$T = RC$ を**時定数**といい，単位は〔s〕（秒）になる．時定数 T は，ここでのグラフのような過渡特性の変化の速さを表す目安となるものである．具体的には，図2のグラフで，充電電流がこれ以上流れなくなる状態の37％までに要する時間を意味する．また，充電電圧でいえば，図3のグラフで，コンデンサ両端の電圧が電源電圧の63％の電圧になるまでに要する時間となる．

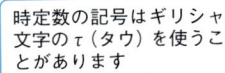
時定数の記号はギリシャ文字の τ（タウ）を使うことがあります

充電電圧を例にすると，抵抗 R または静電容量 C の値を変化させて時定数 T を大きくした場合，定常最終値の63％までの時間は長くなる．この特性を利用して，ある電圧値に達したときに半導体素子が動作する回路を構成すれば，R または C の値で，$t = 0$ の点から，半導体素子が動作するまでの時間を変えることができる．

02　コンデンサの放電

　図1の回路において，スイッチSを❶側に入れて，十分時間が経過してからスイッチSを❷側に入れた場合を考えてみる．

　$t = 0$ で，スイッチSを❷側に入れたときの放電電流を i とすると，v_R と v_C は，式（1）と同様に表すことができる．しかし，この閉回路には電源が接続されていないので，以下の式が成立する．

$$0 = v_R + v_C = iR + \frac{1}{C} \int i dt \tag{6}$$

　上式を，i について，$t = 0$ でコンデンサの電荷 $q = CV$ の初期条件で解くと，次式のようになる．

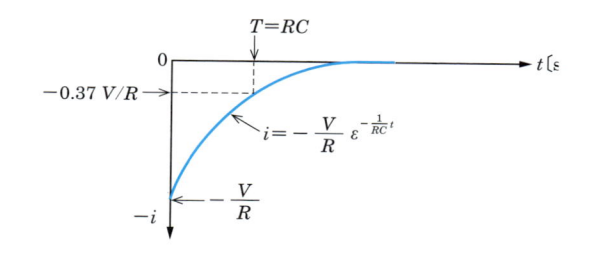

図4　放電電流の変化

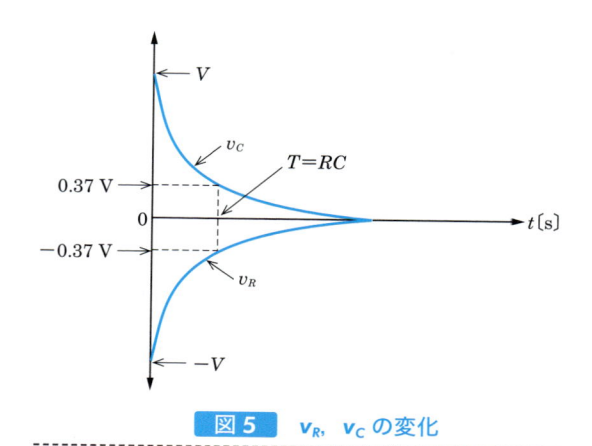

図5　v_R，v_C の変化

$$i = -\frac{V}{R}\varepsilon^{-\frac{1}{RC}t} \tag{7}$$

これをグラフに表すと，**図 4** のようになる．i は放電電流であるため電流の向きにマイナスが付く．

また，v_R, v_C は，式 (4), (5) のように求めて，グラフに表すと，**図 5** のようになる．

03　*RC* の充放電

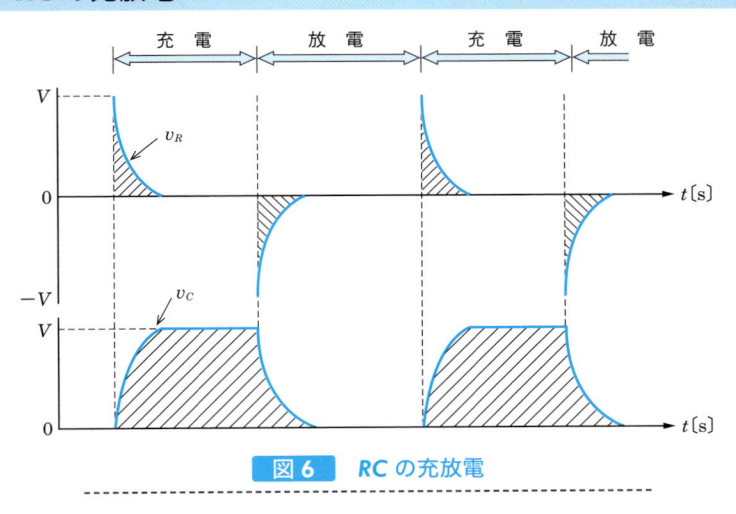

図 6　*RC* の充放電

図 1 の回路において，時定数の 5 〜 6 倍以上の周期で，スイッチ S を ❶ 側と ❷ 側に切り換えたときの v_R と v_C の変化は，**図 6** のようになる．

v_R の変化は，図のように正負のパルスとなり，これが周期的にパルスを発生させる原理となる．

問 1

　RC 直列回路において，抵抗 R および静電容量 C が次の値の場合，それぞれの時定数 T を求めなさい．

(1) $R = 1\,\text{M}\Omega$, $C = 10\,\mu\text{F}$　　(2) $R = 500\,\text{k}\Omega$, $C = 20\,\mu\text{F}$

(3) $R = 10\,\text{k}\Omega$, $C = 200\,\mu\text{F}$　　(3) $R = 50\,\text{k}\Omega$, $C = 0.1\,\mu\text{F}$

問2

(1) 図の回路において，スイッチ S を❶側に入れたとき，$t = 0\,\text{s}$ から $5\,\text{ms}$ まで，$1\,\text{ms}$ 間隔で，充電電流 $i\,〔\text{A}〕$，$v_R\,〔\text{V}〕$，$v_C\,〔\text{V}〕$ を求めなさい．

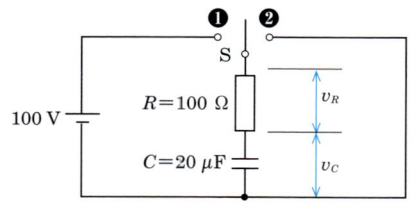

$t\,〔\text{ms}〕$	0	1	2	3	4	5
$i\,〔\text{A}〕$						
$v_R\,〔\text{V}〕$						
$v_C\,〔\text{V}〕$						

(2) スイッチ S を❶側に入れた後，$v_C = 100\,\text{V}$ になるまで充電する．その後，スイッチ S を❷側に入れたとき，放電電流 $i\,〔\text{mA}〕$，$v_R\,〔\text{V}〕$，$v_C\,〔\text{V}〕$ を求めなさい．

$t\,〔\text{ms}〕$	0	1	2	3	4	5
$i\,〔\text{A}〕$						
$v_R\,〔\text{V}〕$						
$v_C\,〔\text{V}〕$						

(3) (1) と，(2) で求めた $v_R\,〔\text{V}〕$ と $v_C\,〔\text{V}〕$ の値から，RC 回路の充放電グラフを描きなさい．

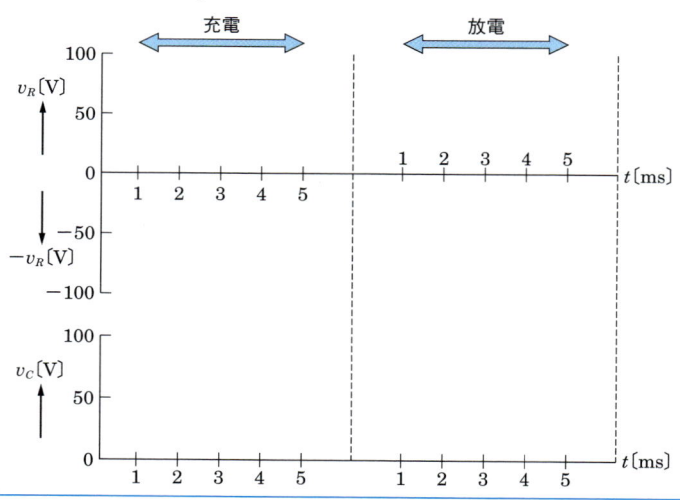

3-02 *RL* 回路の過渡特性

01 インダクタンスに電圧が加わる場合

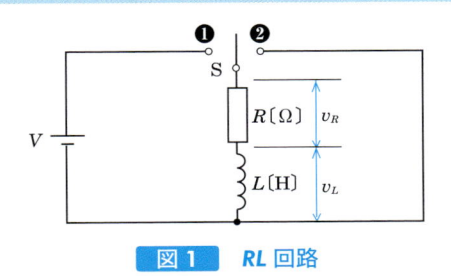

図1 *RL* 回路

　図1のような回路において，スイッチSを❶側に入れた場合の電流，電圧の変化について考えてみる．普通，抵抗 R に電圧 V を加えると $I = V/R$ の電流が流れる．しかし，この回路のようにインダクタンス L が含まれていると，L にはレンツの法則に従って，電流の増加を妨げるような電圧が発生し，電流が定常値に達するのに時間がかかる．

　$t = 0$ で，スイッチSを❶側に入れたときの電流を i とすると，v_R と v_L は，次のようになる．

$$v_R = iR, \quad v_L = L\frac{di}{dt} \tag{1}$$

したがって，以下の式が成立する．

$$V = v_R + v_L = iR + L\frac{di}{dt} \tag{2}$$

　式 (2) を，i について，$t = 0$ で $i = 0$ の初期条件で解くと，次のようになる．

$$i = \frac{V}{R}\left(1 - \varepsilon^{-\frac{R}{L}t}\right) \tag{3}$$

　これをグラフに表すと，図2のようになり，電流 i は，インダクタンス L によって，指数関数的に増加を妨げられることがわかる．また，v_R，v_L は，次のように

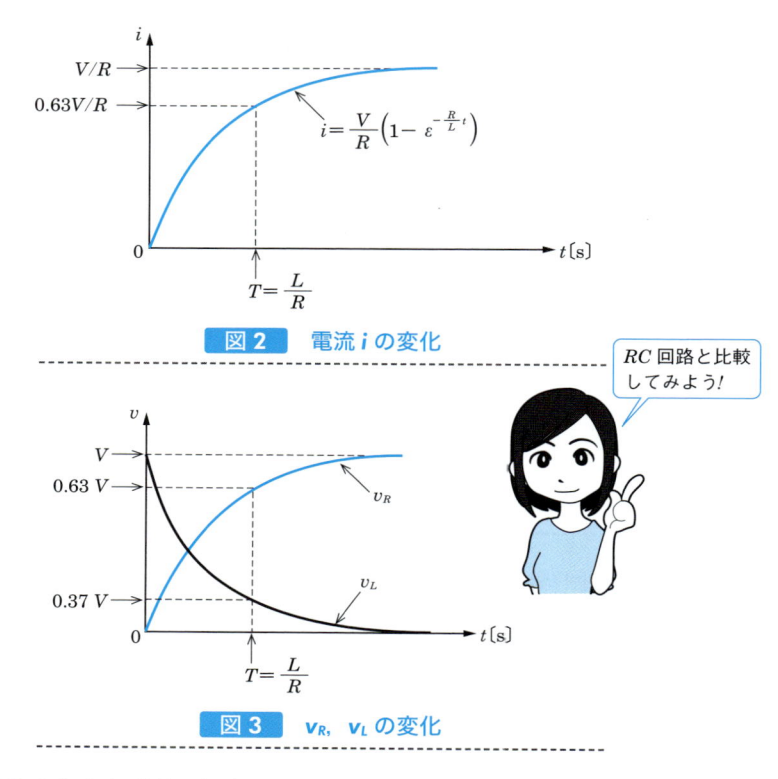

図 2　電流 i の変化

図 3　v_R，v_L の変化

求まり，**図 3** のようなグラフになる．

$$v_R = iR = V\left(1 - \varepsilon^{-\frac{R}{L}t}\right) \tag{4}$$

$$v_L = V - v_R = V\,\varepsilon^{-\frac{R}{L}t} \tag{5}$$

　この RL 回路の時定数 T は，$T = L/R$ となる．インダクタンス L が大きいほど，この時定数 T が大きくなり，電流の増加を妨げる力が大きくなり，定常状態に達するのに時間がかかる．

02　インダクタンスから電圧がなくなる場合

　図 1 の回路において，スイッチ S を ❶ 側に入れて，十分時間が経過してからスイッチ S を ❷ 側に入れた場合を考えてみる．

$t = 0$ で, スイッチ S を ❷ 側に入れたときの電流を i とすると, v_R と v_L は, 式(1)と同様に表すことができる. しかし, この閉回路には電源が接続されていないので, 以下の式が成立する.

$$0 = iR + L\frac{di}{dt} \tag{6}$$

上式を, i について, $t = 0$ で $i = V/R$ の初期条件で解くと, 次のようになる.

$$i = \frac{V}{R}\,\varepsilon^{-\frac{R}{L}t} \tag{7}$$

これをグラフに表すと, **図4**のようになり, 電流 i は, 回路にインダクタンスが含まれているとすぐには切れず, 指数関数的に減少することがわかる.

また, v_R, v_L は, 式 (4), (5) のように求めて, グラフに表すと, **図5**のようになる.

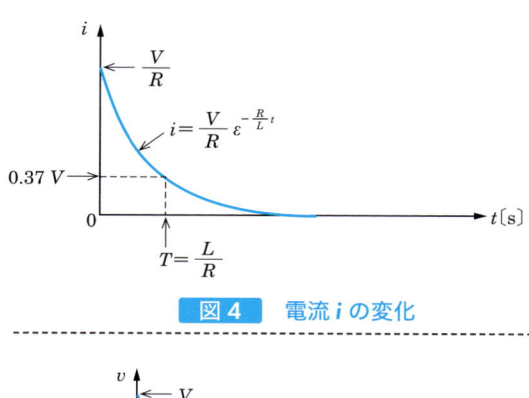

図4 電流 i の変化

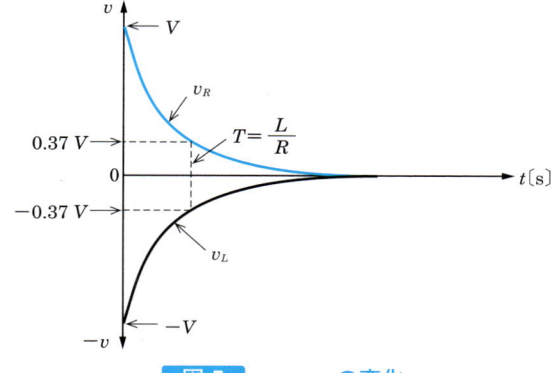

図5 v_R, v_L の変化

問3

RL 直列回路において，抵抗 R およびインダクタンス L が次の値の場合，それぞれの時定数 T を求めなさい．

(1) $R = 20\ \Omega$，$L = 10\ \text{mH}$ (2) $R = 10\ \Omega$，$L = 20\ \text{mH}$

(3) $R = 1\ \text{k}\Omega$，$L = 5\ \text{mH}$ (4) $R = 5\ \Omega$，$L = 2\ \text{mH}$

問4

図の回路において，スイッチ S を閉じたとき，$t = 0\ \text{s}$ から $5\ \text{ms}$ まで，$1\ \text{ms}$ 間隔で，電流 $i\,[\text{A}]$，$v_R\,[\text{V}]$，$v_L\,[\text{V}]$ を求め，グラフを描きなさい．

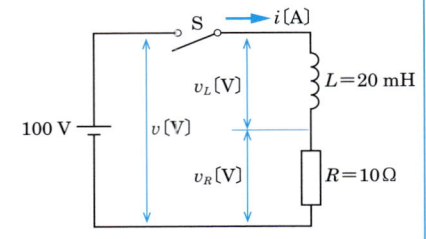

$t\ [\text{ms}]$	0	1	2	3	4	5
$i\ [\text{A}]$						
$v_R\ [\text{V}]$						
$v_L\ [\text{V}]$						

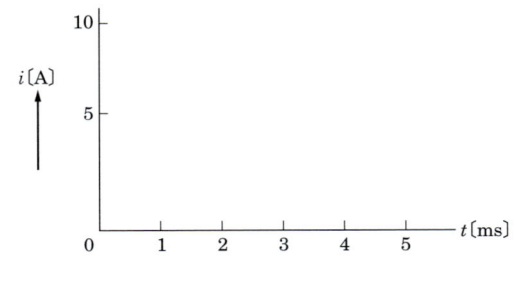

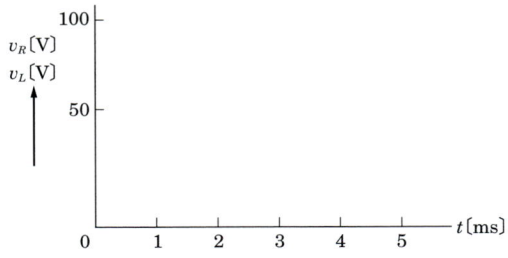

3-03　*LC* 回路の振動特性

01　*LC* 回路に電圧が加わる場合

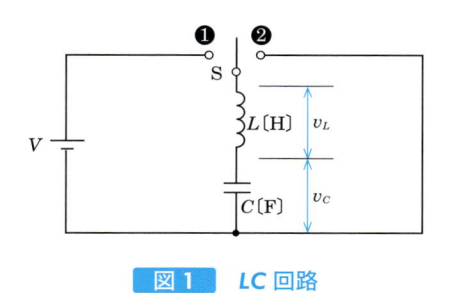

図1　*LC* 回路

　LC 直列回路に直流電圧を印加すると，L と C の大きさによって決まる固有振動数で振動し，C に加わる電圧は印加電圧より高くなる．

　図1の *LC* 回路において，スイッチ S を ❶ 側に入れた場合の電流，電圧の変化について考えてみる．

　$t = 0$ で，スイッチ S を ❶ 側に入れたときの電流を i とすると，L と C の各電圧 v_L, v_C は，次のようになる．

$$v_L = L \frac{di}{dt}, \ v_C = \frac{1}{C} \int i\,dt \tag{1}$$

したがって，以下の式が成立する．

$$V = v_L + v_C = L \frac{di}{dt} + \frac{1}{C} \int i\,dt \tag{2}$$

　上式 (2) を，i について，$t = 0$ で $i = 0$，コンデンサの電荷 $q = 0$ の初期条件で解くと，次のようになる．

$$i = \frac{V}{\sqrt{L/C}} \sin \frac{1}{\sqrt{LC}} t \tag{3}$$

　これをグラフに表すと，**図2** (a) のようになり，電流 i は，固有の角周波数

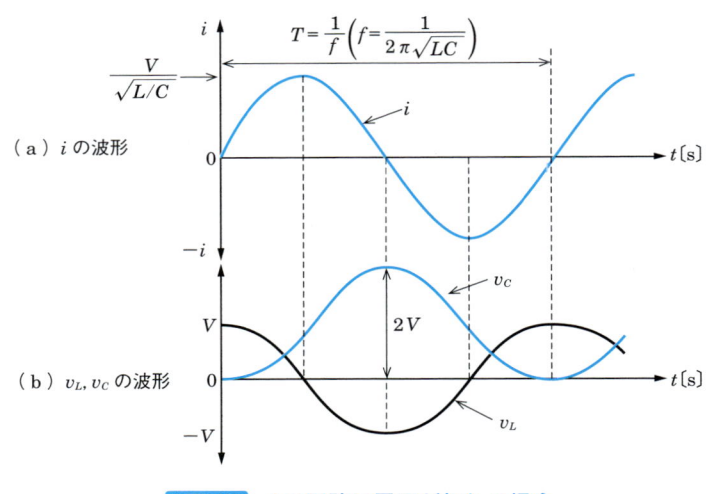

（a）i の波形

（b）v_L, v_C の波形

図2 *LC* 回路に電圧が加わる場合

$1/\sqrt{LC}$〔rad/s〕，周波数に直すと $f = 1/(2\pi\sqrt{LC})$〔Hz〕で正弦波的に振動する．この周波数 f を共振周波数という．

v_L，v_C は，次のように求まり，図2（b）のようなグラフになる．

$$v_L = L\frac{di}{dt} = V\cos\frac{1}{\sqrt{LC}}t \tag{4}$$

$$v_C = V - v_L = V\left(1 - \cos\frac{1}{\sqrt{LC}}t\right) \tag{5}$$

式（4），（5）およびグラフから，v_L は電源電圧より大きくなることはないが，v_C は最大で $2V$ になることがわかる．

02　*LC* 回路から電圧がなくなる場合

図1の回路において，スイッチSを❶側に入れて，十分時間が経過してからスイッチSを❷側に入れた場合を考えてみる．

$t = 0$ で，スイッチSを❷側へ入れたときの電流を i とすると，この閉回路には電源が接続されていないので，以下の式が成立する．

$$0 = L\frac{di}{dt} + \frac{1}{C}\int idt \tag{6}$$

上式を i について，$t = 0$ で $i = 0$，$q = CV$ の初期条件で解くと，次のようになる．

$$i = -\frac{V}{\sqrt{L/C}}\sin\frac{1}{\sqrt{LC}}t \tag{7}$$

これをグラフに表すと，**図3**（a）のようになり，この場合も前項と同じように正弦波状に振動する．

v_L，v_C は，次のように求まり，図3（b）のようなグラフになる．グラフから，v_L と v_C の関係は，L と C の間でエネルギーの交番が行われ，正負が逆になることがわかる．

$$v_L = L\frac{di}{dt} = -V\cos\frac{1}{\sqrt{LC}}t \tag{8}$$

$$v_C = -v_L = V\cos\frac{1}{\sqrt{LC}}t \tag{9}$$

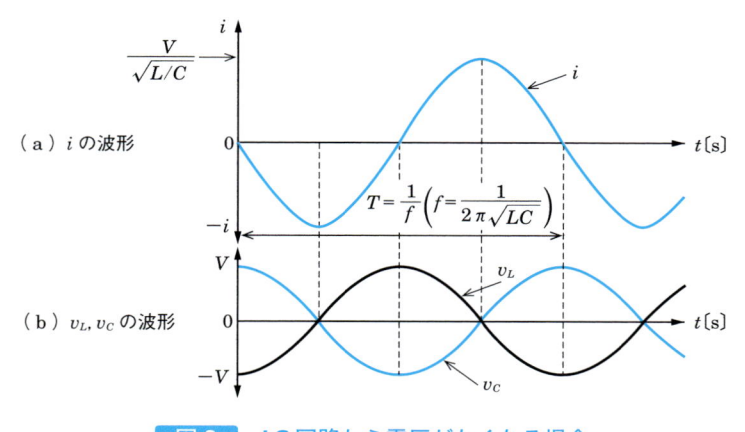

図3 *LC* 回路から電圧がなくなる場合

3-04 サイリスタの転流方法

01 サイリスタのターンオフの方法

　サイリスタをターンオンさせるには，ゲートに電流を流せばよい．しかし，ターンオフさせるには，サイリスタに流れる電流を遮断するか，逆方向の電圧を加えなければならない．ここでは，導通状態のサイリスタをターンオフさせるためのコンデンサなどの利用の仕方について説明する．

02 コンデンサの並列接続

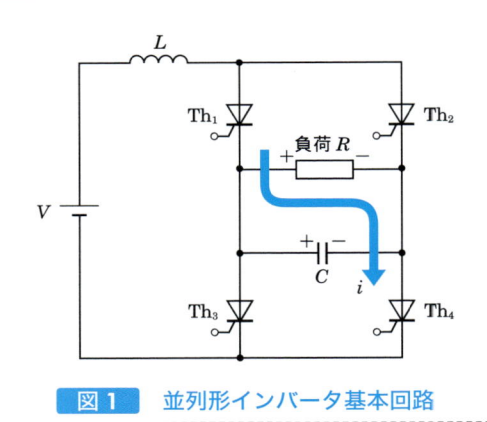

図1 並列形インバータ基本回路

　図1は，並列形インバータの基本回路で，サイリスタ Th_1 と Th_4，Th_2 と Th_3 を交互に動作させ，負荷に交流を供給するものである．

　いま，図1において，Th_1 と Th_4 のゲートにパルス信号が流れてオン状態のとき，Th_2 と Th_3 をオン状態にするとともに，Th_1 と Th_4 をオフにしたい．

　この場合，コンデンサには図のような極性で電源電圧より大きい，最大で $2V$ の電圧が充電されている（前節「LC回路の振動特性」を参照）．Th_2 と Th_3 のゲートにパルス信号を与えれば，2つのサイリスタが導通するとともに，コンデンサ

に蓄えられた電荷が放電し，Th_1 と Th_4 をオフにする．そして，コンデンサは，次に Th_2 と Th_3 をターンオフさせるために，逆の極性に充電される．

このように，負荷に並列に接続されたコンデンサは，サイリスタの転流を手助けしている．

03　コンデンサの直列接続

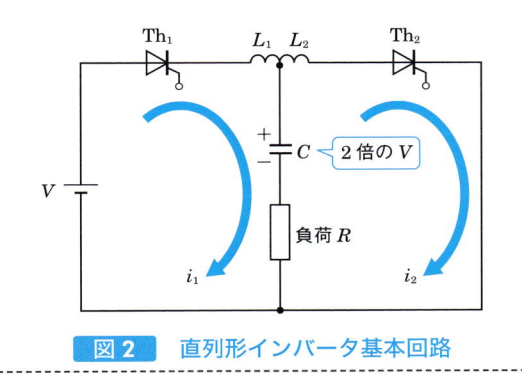

図2　直列形インバータ基本回路

図2は，直列形インバータの基本回路で，サイリスタ Th_1 と Th_2 を交互に動作させるものである．

いま，図2において，Th_1 がオン状態で，Th_2 がオフ状態のとき，$Th_1 \rightarrow L_1 \rightarrow C \rightarrow R$ によって，LC 共振回路を形成し，電流 i_1 が流れる．

このとき，コンデンサの電圧が $2V$ のとき，$i_1 = 0$ となり（前節「LC 回路の振動特性」を参照），Th_1 はオフする．

次に，Th_2 をオンにすると，$Th_2 \rightarrow R \rightarrow C \rightarrow L_2$ の共振回路になり，コンデンサの充電電圧を初期値とする過渡電流 i_2 が i_1 と逆方向に流れ，負荷には，交流電圧が発生する．

ここでは，負荷に直列に接続されたコンデンサとコイルがサイリスタの転流の手助けをしている．

3-05 パルスの発生方法

01 PUT による発振

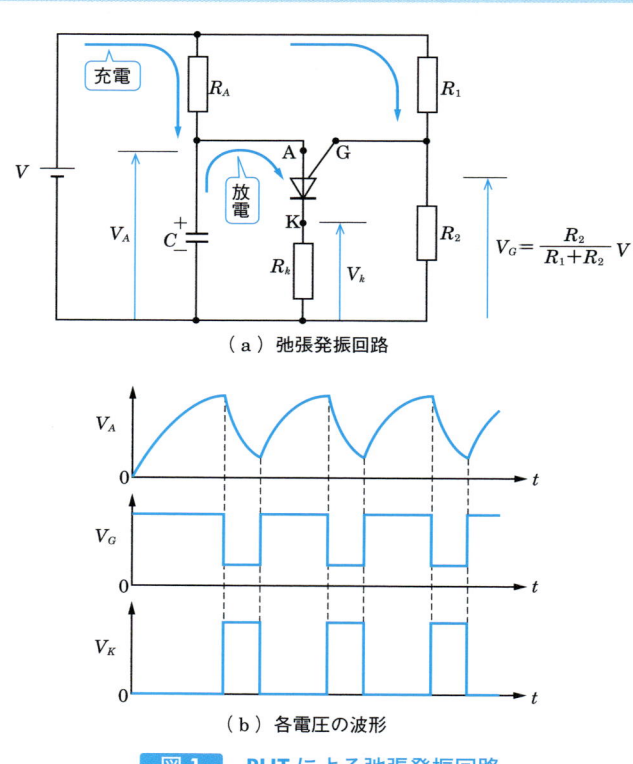

（a）弛張発振回路

$$V_G = \frac{R_2}{R_1 + R_2} V$$

（b）各電圧の波形

図1 PUT による弛張発振回路

図1（a）は，PUT（2章14節 **01** 参照）による弛張発振回路，図1（b）は，各電圧の波形である．PUT は，アノード・カソード間の電圧がゲート・カソード間の電圧より大きいとターンオンする特性がある．

電源をつないだ直後は，PUT は動作していないので，出力電圧 $V_K = 0\,\mathrm{V}$，そして，アノードに接続されているコンデンサ C に，抵抗 R_A を通じて充電電流が

流れ，電圧 V_A は指数関数的に上昇する．また，ゲートには，抵抗 R_1 と R_2 で分圧された電圧 V_G が加わる．

やがて，V_A の電圧が V_G の電圧より高くなると，PUT がターンオンして，C の電荷を放電し，カソードの抵抗 R_K に電流が流れて出力電圧 V_K が立ち上がる．

C の放電によって，V_A は急激に低下するが，ある程度下がると PUT がターンオフして，再び C の充電が始まる．

この発振回路は，このように，コンデンサ C の充電と放電による電圧 V_A の変化によって，PUT がオンオフし，出力パルス V_K を発生する．

出力パルスの発振周期は，電圧 V_A と V_G との関係で決まり，$R_2/(R_1 + R_2)$ を大きくすれば周期は長くなる．PUT が「プログラム」と呼ばれるのは，パルスの発振周波数をゲートに接続した抵抗 R_1 と R_2 によって変えることができるからである．

02 UJT による発振

UJT とは，**単接合トランジスタ**（Uni-Junction Transistor）の略で，サイリスタのゲート回路用として用いられている素子である．

図2 は，UJT の構造図，等価回路，図記号である．UJT は，エミッタ電極 E と 2 つのベース電極 B_1，B_2 をもつ 3 端子素子で，ダブルベースダイオードとも呼ばれている．

UJT の特徴は，pn 接合が逆バイアスから順バイアスに移ったときに，エミッタ E とベース B_1 端子間に負性抵抗が現れる点である．

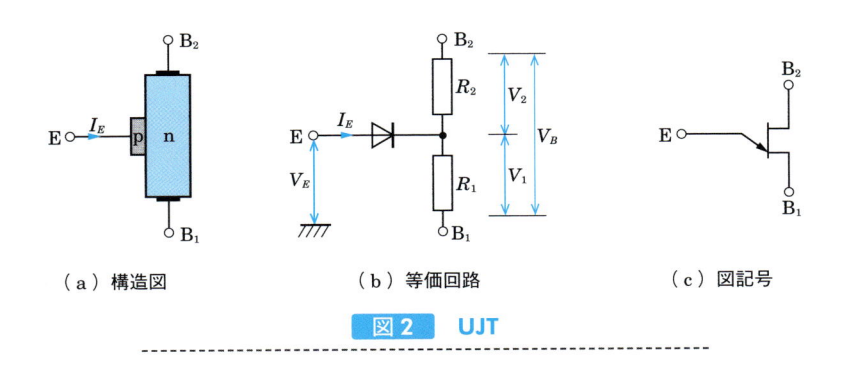

（a）構造図 （b）等価回路 （c）図記号

図2 UJT

図2（b）の等価回路において，$B_1 B_2$ 間に電圧 V_B を加え，分圧された電圧 V_1 とエミッタ電圧 V_E を比べる．$V_E < V_1$ なら，pn 接合が逆方向電圧となるため電流 I_E は流れない．ところが，$V_E > V_1$ なら，順方向電圧でエミッタ E とベース B_1 間の抵抗 R_1 が急に減少し，I_E は急増する．

つまり，UJT は，$V_E > V_1$ で素子がオンする特性をもっており，V_E が分圧電圧 V_1 を超える限界の電圧を，**ピークポイント電圧**という．

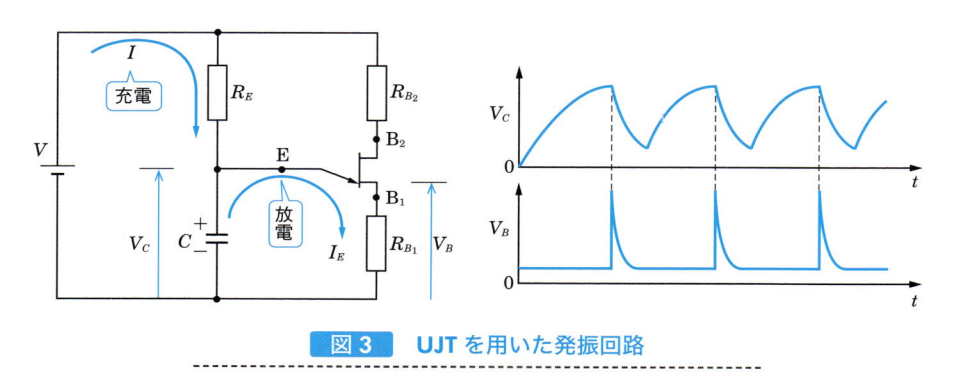

図3 UJT を用いた発振回路

図3は，UJT を用いた発振回路である．抵抗 R_E とコンデンサ C を通して充電電流が流れコンデンサの電圧 V_C は，指数関数的に上昇する．この電圧が UJT のピークポイント電圧を超えると，UJT がオンとなり，コンデンサ C の放電によってエミッタ電流が流れ，抵抗 R_{B1} に出力パルス V_B が発生する．

C の放電によって，V_C の電圧は急激に低下し，ピークポイント電圧以下になると UJT はオフとなり，再び C の充電が始まる．

この回路は，コンデンサ C の充放電と UJT の特性によって，パルスを発生する．また，パルスの周期は，抵抗 R_E に依存し，抵抗を大きくするほど充電が緩やかになって間隔が開く．

03　トランジスタによる発振

トランジスタによるパルス発生の代表的なものにマルチバイブレータがある．**図4**は，非安定マルチバイブレータの回路である．この回路は，2 つのトランジスタを用いて，RC の充放電によってパルスを発生している．

　この回路は，2つのトランジスタのうち，どちらかがオン，もう片方がオフとなる．いま，トランジスタ Tr_1 がオフ，Tr_2 がオンとすると，出力 V_1 は V_{CC}〔V〕，V_2 は 0 V となる．このとき，図 4（a）のようにコンデンサ C_1 には放電電流，C_2 には充電電流が流れている．C_1 の電荷が R_{B1} を通じて放電されると，Tr_1 のベースが＋V_{CC} に向かって上昇し，Tr_1 をオンにする．Tr_1 がオンになると C_2 の負電荷によって Tr_2 をオフにする．

　Tr_1 のオンによって，今度は C_2 の電荷が R_{B2} を通じて放電され，Tr_2 のベースが＋V_{CC} に向かって上昇して，Tr_2 をオンにする．Tr_2 がオンになると C_1 の負電荷によって Tr_1 をオフにする．

　以上の動作を繰り返すことで，Tr_1 と Tr_2 が交互にオンオフして，図 4（b）のようにパルスを発生し続ける．

　発生パルスの周期 T は，$C_1 \cdot R_{B1}$ と $C_2 \cdot R_{B2}$ の値によって，次のようになる．

$$T = 0.69(C_1 \cdot R_{B1} + C_2 \cdot R_{B2})$$

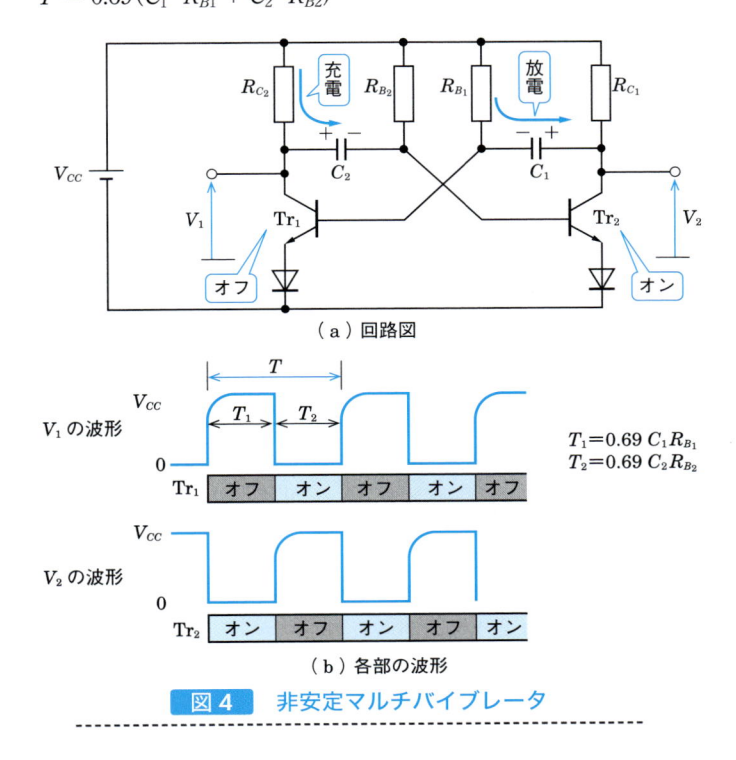

（a）回路図

$T_1 = 0.69\, C_1 R_{B1}$
$T_2 = 0.69\, C_2 R_{B2}$

（b）各部の波形

図 4　非安定マルチバイブレータ

04　デジタル IC による発振

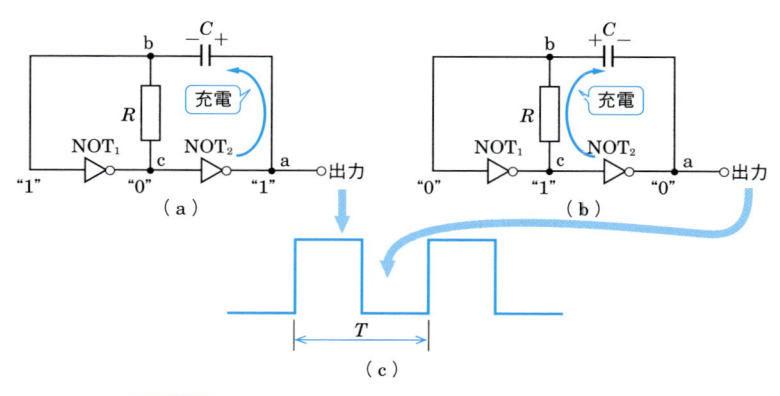

| 図5 | CMOS による非安定マルチバイブレータ |

　パルス発生回路の代表であるマルチバイブレータは，デジタル IC を用いても回路を組むことができる．

　図5は，CMOS の NOT 素子による非安定マルチバイブレータの基本回路である．NOT 素子は，入力が "0" のとき出力 "1" というように，入出力が逆になる素子である．

　図5の回路で，図5(a)のように，仮に出力が "1" なら，NOT_1 の出力は "0" で，a 点から c 点へ充電電流が流れ抵抗 R の b 点が "1" で，この電圧が NOT_1 の入力波形となるので，回路の出力は "1" で安定している．

　C の充電が進み，充電が完了すると，R に電流が流れなくなり，b 点が "0" となる．すると図5 (b) のように，出力が "0" となり，c 点から a 点へ逆方向に充電電流が流れ，点 b は R の電圧降下で "0" となり，回路の出力は "0" で安定する．

　時定数 RC によって，充電が終了すると，点 b は "1" となり，もとの図5 (a) の状態に戻る．

　以上を繰り返して，図5 (c) のような出力にパルスが発生する．この回路の発振周期 T〔s〕は，次のように求められる．

$$T = 2.2\,RC$$

05 アナログ IC による発振

オペアンプは，演算増幅器（Operational Amplifier）の略で，反転入力 V_1，非反転入力 V_2 の 2 つの入力と，1 つの出力 V_0 からなる増幅器である．

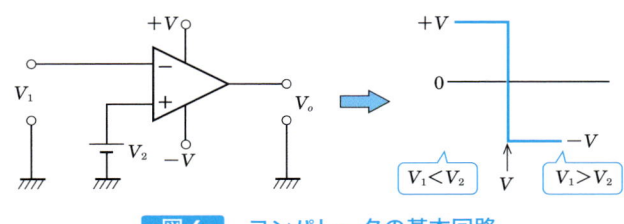

図6 コンパレータの基本回路

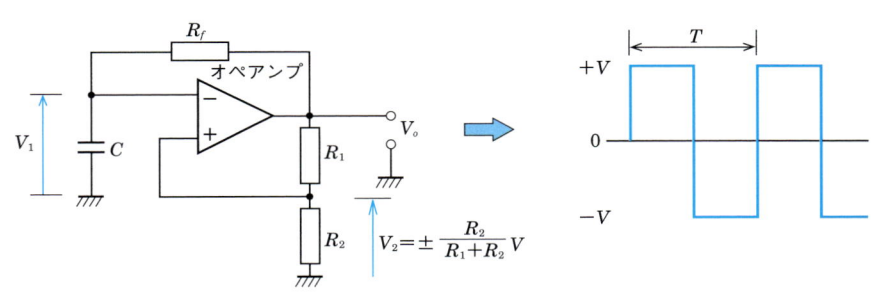

$$V_2 = \pm \frac{R_2}{R_1 + R_2} V$$

図7 オペアンプによる非安定マルチバイブレータ

図6は，オペアンプをコンパレータ（比較器）として用いる場合の基本回路である．＋入力ピンの電圧 V_2 と－入力ピンの電圧 V_1 を比較して，$V_1 > V_2$ ならば，出力電圧は $-V$〔V〕，$V_1 < V_2$ ならば，出力電圧は $+V$〔V〕となる．

この機能を利用したのが，**図7**の非安定マルチバイブレータの回路である（なお，オペアンプの電源ピンは省略した）．いま，出力電圧が $+V$ であったとすると，＋入力ピンには $+V_2$，－入力ピンには出力 V が R_f と C を介して充電される電圧 $+V_1$ が入力され，$V_1 < V_2$ である．やがて，V_1 は上昇し，$V_1 > V_2$ となると，出力は $-V$ に反転する．

今度は，出力が $-V$ であるから，＋入力ピンには $-V_2$，－入力ピンには C の放電電圧 $-V_1$ が入力され，放電電圧 V_1 が低下し，$V_1 < V_2$ のとき，出力は再び $+V$ になる．この回路の周期 T は，$C \cdot R_f$ の時定数と V_2 の電圧との関係で決まる．

問 5

次の発振回路において，周期 T〔s〕および発振周波数 f〔Hz〕を求めなさい．

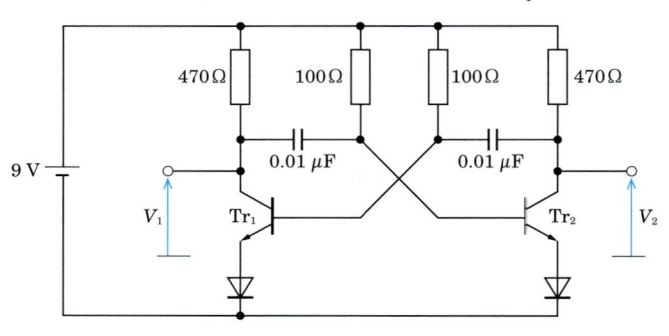

問 6

次の発振回路において，周期 T〔s〕および発振周波数 f〔Hz〕を求めなさい．

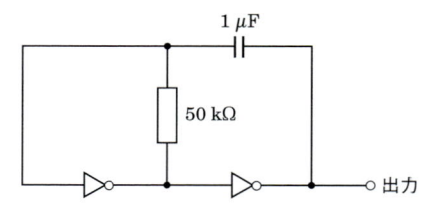

3-06 波形整形の方法

01 波形整形とは

　パルス回路では，入力波形の一部を切り取ったり，波形の基準レベルを変えたりして，ひずんだり，雑音を含んだ波形をもとのきれいな波形にするなどの操作をする．このような入力波形を必要な波形に整えることを**波形整形**といい，そのための回路を**波形整形回路**という．

02 クリッパ回路

　クリッパ回路は，入力波形の上部または下部を切り取る回路をいう．

（a）ピーククリッパ回路　図1は，入力波形の上部を切り取るピーククリッパ回路である．

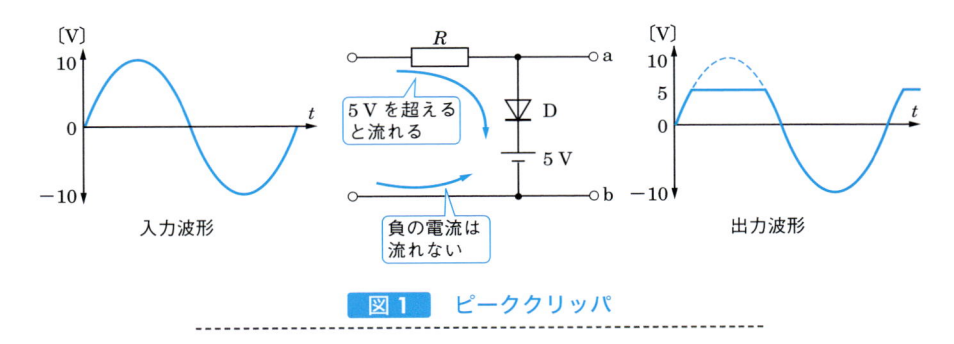

図1　ピーククリッパ

　入力波形の正の部分で5V以下では，ダイオードに対して逆方向電圧となるため，出力端子ab間が開放となり，入力電圧がそのまま出力電圧となる．5Vを超えると，ダイオードには順方向電圧が加わり電流が流れるが，端子ab間には抵抗がないため直流電圧5Vが出力される．また，負の電圧では，ダイオードに対して逆方向電圧となるため，ab端子が開放で，そのまま入力電圧が出力電圧となる．したがって，図1のような上部が切り取られた出力波形となる．

（b）ベースクリッパ回路　図2は，入力波形の下部を切り取るベースクリッパ回路である．

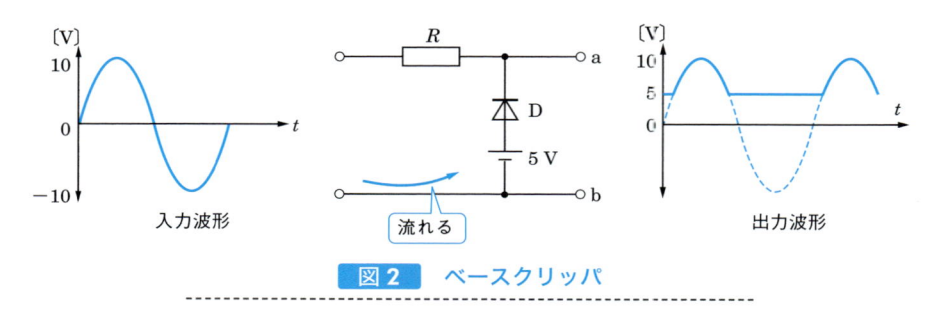

図2　ベースクリッパ

入力波形の正の部分で5V以下では，ダイオードに対して順方向電圧となり，ab端子には，直流電源5Vが出力される．5Vを超えると，ダイオードに対して逆方向電圧でab間が開放となり，入力電圧がそのまま出力電圧となる．また，負の電圧では，ダイオードに対して順方向のため電流が流れるが，ab間には抵抗がないため直流電圧5Vが出力される．したがって，図2のような下部が切り取られた出力波形となる．

03　リミッタ回路

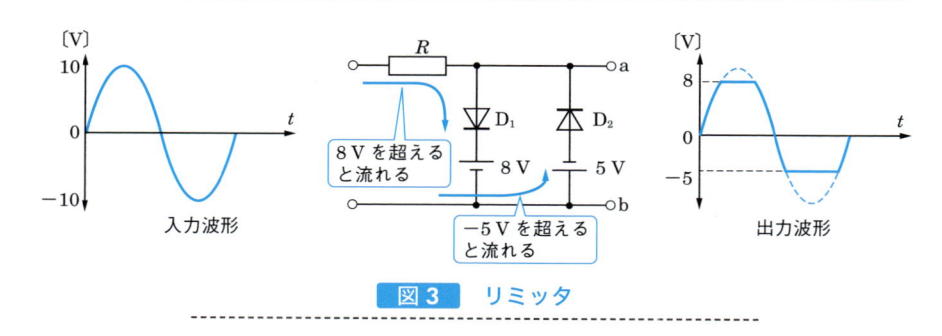

図3　リミッタ

図3は，ピーククリッパ回路とベースクリッパ回路を組み合わせて，波形の上部と下部を切り取るリミッタ回路である．

入力波形の正の部分では，D_1側のピーククリッパが働いて，8Vまで入力波形を出力する．8Vを超えるとD_1が導通となり，直流電圧8Vが出力される．こ

のとき，D_2 側は入力波形と逆方向電圧となるため，ab 間は開放されている.

　入力波形の負の部分では，$-5\,V$ を超えると D_2 が導通して，直流電圧 $-5\,V$ が出力される．このとき，D_1 側は入力波形と逆方向電圧となるため，ab 間は開放されている．したがって，出力波形は $8 \sim -5\,V$ の波形となる.

04　スライサ回路

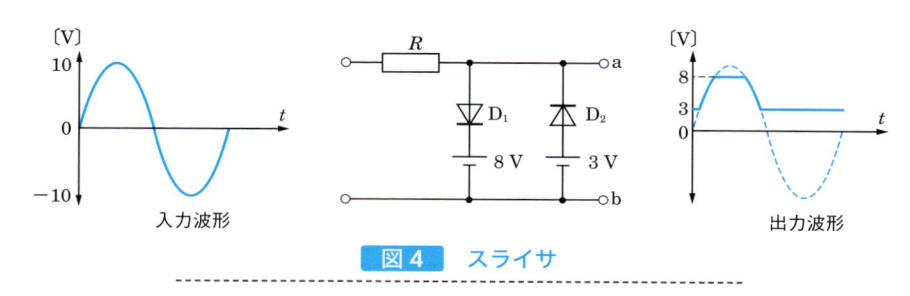

図4　スライサ

　図4 のスライサ回路は入力波形のあるレベル付近だけを薄く切り取る回路で，リミッタ回路と同じ回路構成である.

　図4の入力波形の正の部分では，$3\,V$ までは D_2 側のベースクリッパが働いて，直流電圧 $3\,V$ で出力される．$3\,V$ を超えて $8\,V$ までは，D_2 に対して逆方向電圧で ab 間が開放となり，入力電圧がそのまま出力される．このとき，D_1 は入力波形と逆方向電圧となるため，ab 間は開放されている．$8\,V$ を超えると，D_2 は逆方向電圧となるが，D_1 側のピーククリッパが働いて，直流電圧 $8\,V$ が出力される.

　入力波形の負の部分では，D_2 が導通となり，直流電圧 $3\,V$ が出力される.

　したがって，出力波形は $3 \sim 8\,V$ のスライスされた波形となる.

05　クランプ回路

　入力波形の形は変えずに，波形の上部または下部を $0\,V$ の位置に固定する回路をいう.

（a）正クランプ　　**図5** は，波形の下部を $0\,V$ の位置にする正クランプ回路である.

　入力波形の正負の電圧が繰り返されて入力されていくうちに，負の波形の部分でコンデンサ C には，図5のような極性で最大値である $10\,V$ が充電される．また，

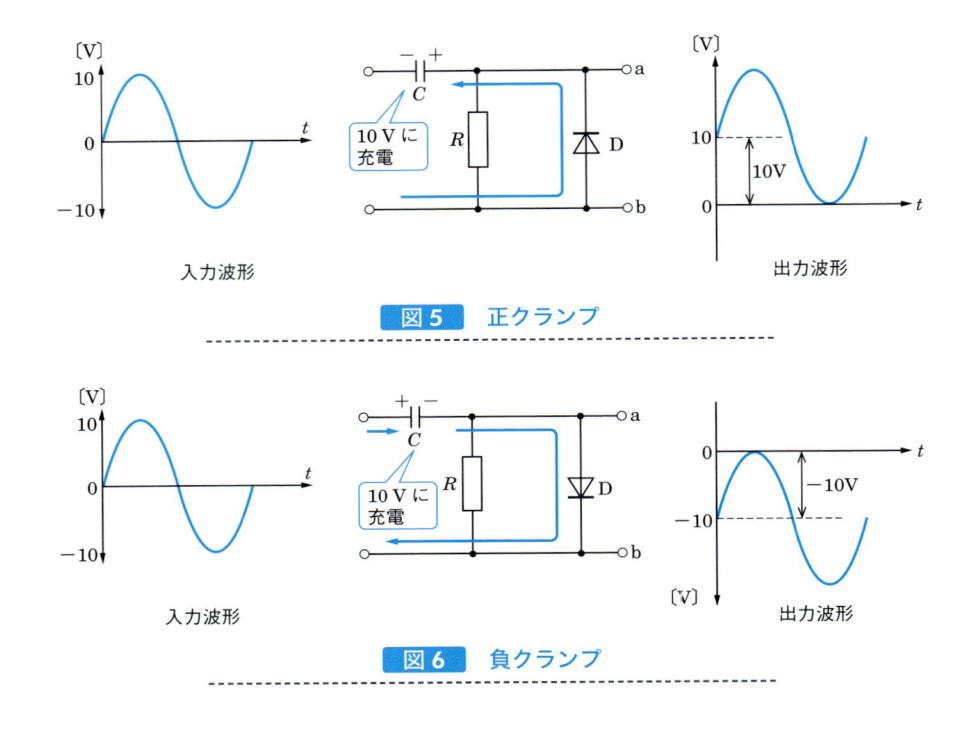

このとき出力電圧はDが導通しているので0Vである.

　入力波形の正の部分で，コンデンサに充電された直流電圧10Vが入力電圧に加算されて出力されるようになるので，入力波形の下部がゼロレベルに移った出力波形となる.

（b）負クランプ　　図6は，波形の上部を0Vの位置にする負クランプ回路である.

　正クランプとは逆に，入力波形の正負が繰り返されるうちに，正の部分で図6のような極性でコンデンサCに10Vの電圧が充電される.それが負の入力のときに加算されて出力されるので，入力波形の上部がゼロレベルに移った出力波形となる.

7

　図1に示す回路に，図2に示す波形の入力電圧 V_i を加えたとき，出力波形 V_o を描きなさい．

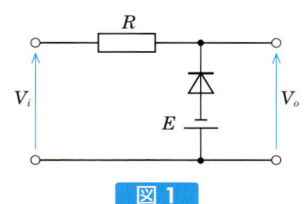

図1

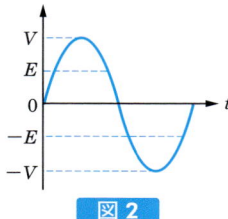

図2

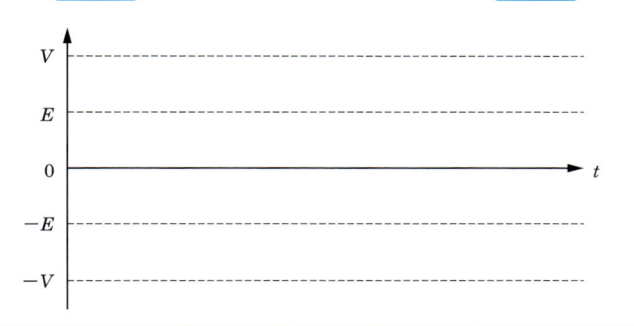

 8

　図1に示す入力波形から図2に示す出力波形をつくりたい．①から④のどの回路を用いればよいか．

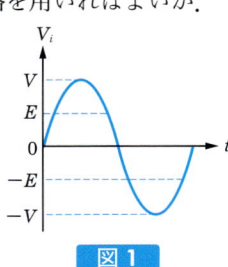

図1

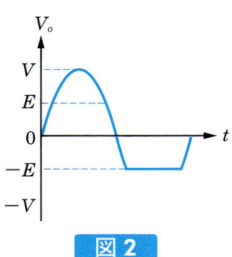

図2

① 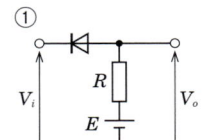　② 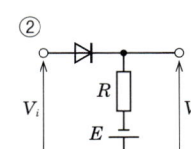　③ 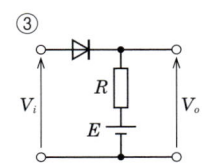　④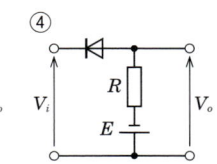

3-07 高調波の発生と特性

01 非正弦波の取扱い

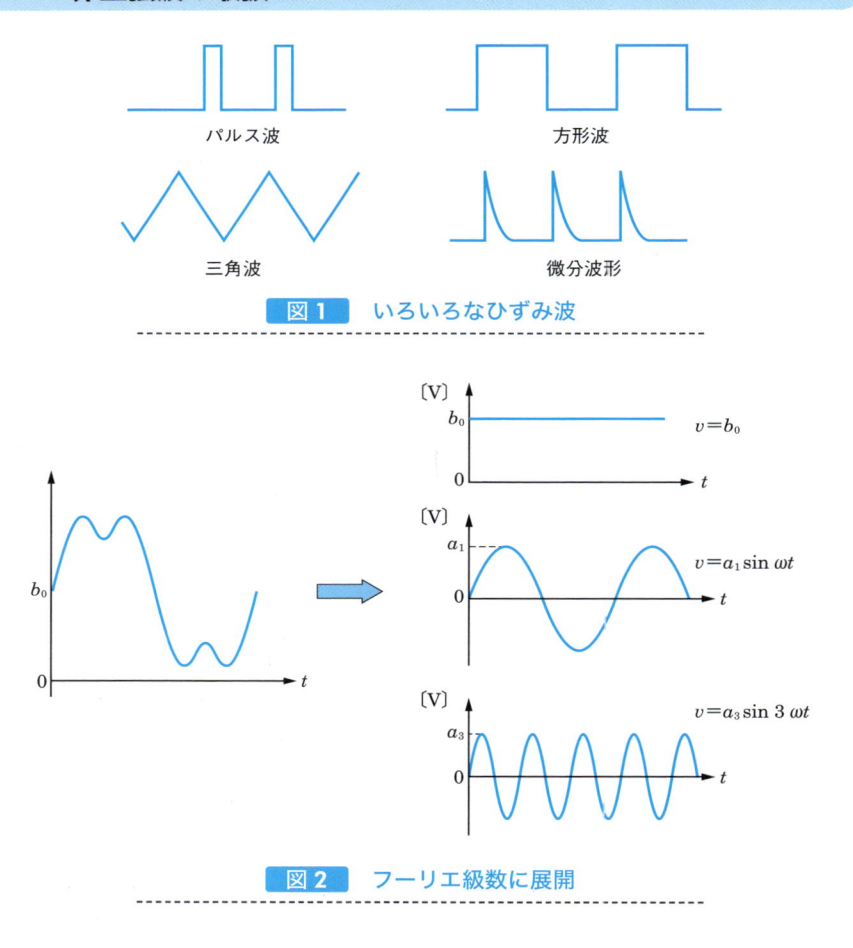

図1 いろいろなひずみ波

図2 フーリエ級数に展開

我々が，通常交流と呼んでいるのは，$e = E_m \sin \omega t$ として表すことができる正弦波交流である．しかし，世の中には正弦波ではない三角波，方形波など一般にひずんだ交流波形がある（**図1**参照）．この交流を非正弦波交流，またはひずみ波交流という．

パワーエレクトロニクスでは，半導体素子によって電圧や電流をオンオフするため，ひずみ波が発生する．ここでは，ひずみ波の取扱いについて説明する．

ひずみ波は，周波数の異なる正弦波の合成で表すことができる．これをフーリエ級数に展開するという．フーリエ級数は，次のように直流成分，基本波成分，高調波成分の合成で表すことができる．

ひずみ波＝直流成分＋基本波成分＋高調波成分

例えば，**図2**のようなひずみ波をフーリエ級数を用いて表すと，次のようになる．

$$V(t) = b_0 + a_1 \sin \omega t + a_3 \sin 3 \omega t$$

一般に，任意の波形を $V(t)$ として，これをフーリエ級数で表すと，次式のようになる．

$$V(t) = \sum_{n=1}^{\infty} a_n \sin n\omega t + b_0 + \sum_{n=1}^{\infty} b_n \cos n\omega t$$

ここで，周波数 n のものを第 n 調波といい，**図3**のように，基本波に偶数倍の正弦波を加えると非対称波が得られ，基本波に奇数倍の正弦波を加えると対称波が得られる．

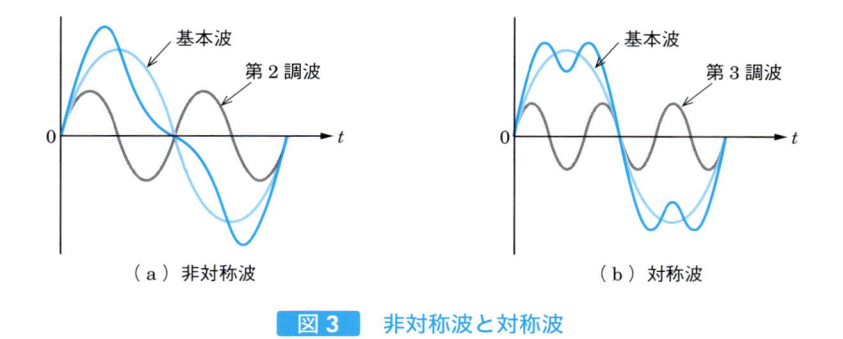

（a）非対称波　　　　　　　（b）対称波

図3 非対称波と対称波

02 方形波の成分

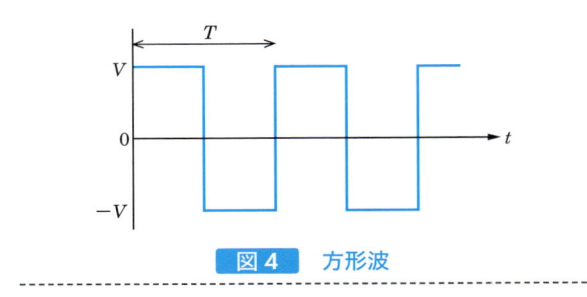

図 4   方形波

図 4 のような方形波をフーリエ級数に展開すると，次のようになる．

$$V = \frac{4}{\pi} V \left(\sin \omega t + \frac{1}{3} \sin 3\,\omega t + \frac{1}{5} \sin 5\,\omega t \right.$$

$$\left. + \frac{1}{7} \sin 7\,\omega t + \cdots \right)$$

上式の右辺で，$(4/\pi)V \sin \omega t$ を基本波，$(4/3\pi)V \sin 3\,\omega t$ が第 3 調波で，方形波は奇数調波の波の合成であり，対称波であることがわかる．

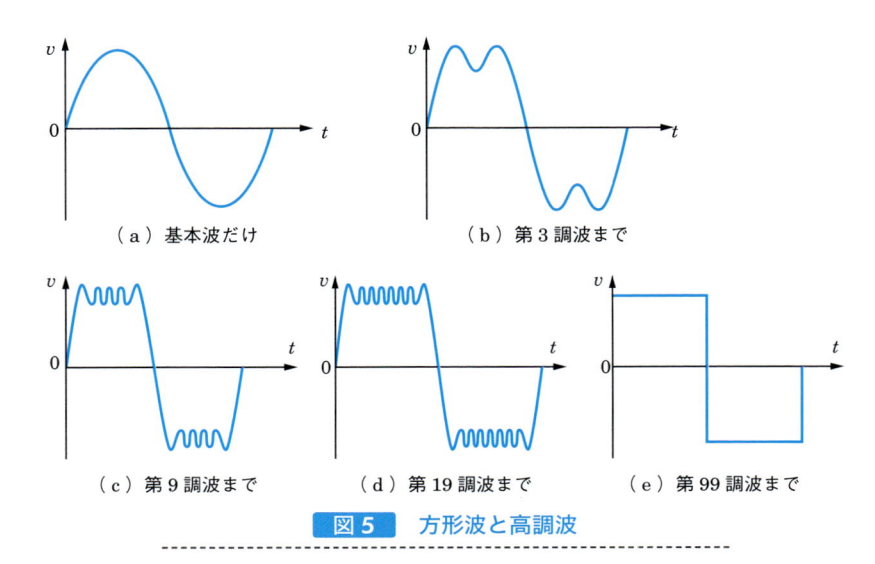

（a）基本波だけ   （b）第 3 調波まで

（c）第 9 調波まで   （d）第 19 調波まで   （e）第 99 調波まで

図 5   方形波と高調波

では，方形波を構成している奇数調波は，第何調波までを合成したらもとの方形波に近くなるだろうか？

図5は，第99調波までの高調波の和を描いたものである．このように，より高い周波数の高調波まで加えると，方形波に近くなる．

パワーエレクトロニクスでは，電力変換に半導体によるオンオフから切り刻んだ方形波などのひずみ波を多く扱うため，高い周波数までの高調波がたくさん含まれている．

03　高調波の影響

パワーエレクトロニクスによって発生するひずみ波形と，それに含まれる高調波電圧・電流は，他の電力機器，家庭電気機器，通信機器などへ，いろいろな障害をもたらす．

例えば，コンデンサは，インピーダンスが周波数に反比例するので，周波数が高くなるとインピーダンスも小さくなる．また，共振現象によってもインピーダンスが小さくなり，大きな高調波電流が流れてコンデンサを加熱，損傷する．

ほかには，ラジオ，テレビなどの通信線や放送に対する誘導障害によるノイズの発生や，情報関連機器へのノイズによるシステムの誤動作などがある．

04　高調波の対策

高調波を少なくする方法の1つとして，発生した高調波を吸収するフィルタがある．図6は，インダクタンス L とコンデンサ C からなる LC フィルタで，L は高調波に対して大きなリアクタンスとして，C は小さなリアクタンスとして働き，高調波が負荷に現れるのを防いでいる．

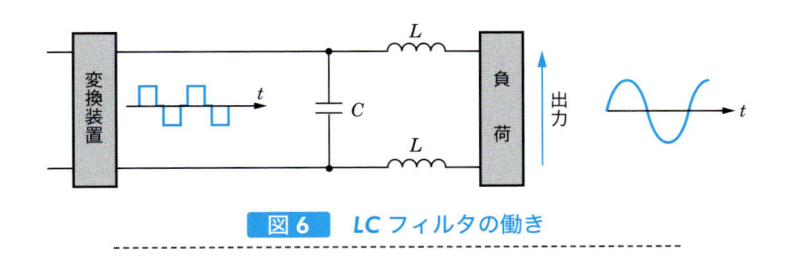

図6　**LCフィルタの働き**

また，変換装置から発生した高調波が配電系統に障害を及ぼさないように，**図7**のような高調波フィルタの設置もなされている．

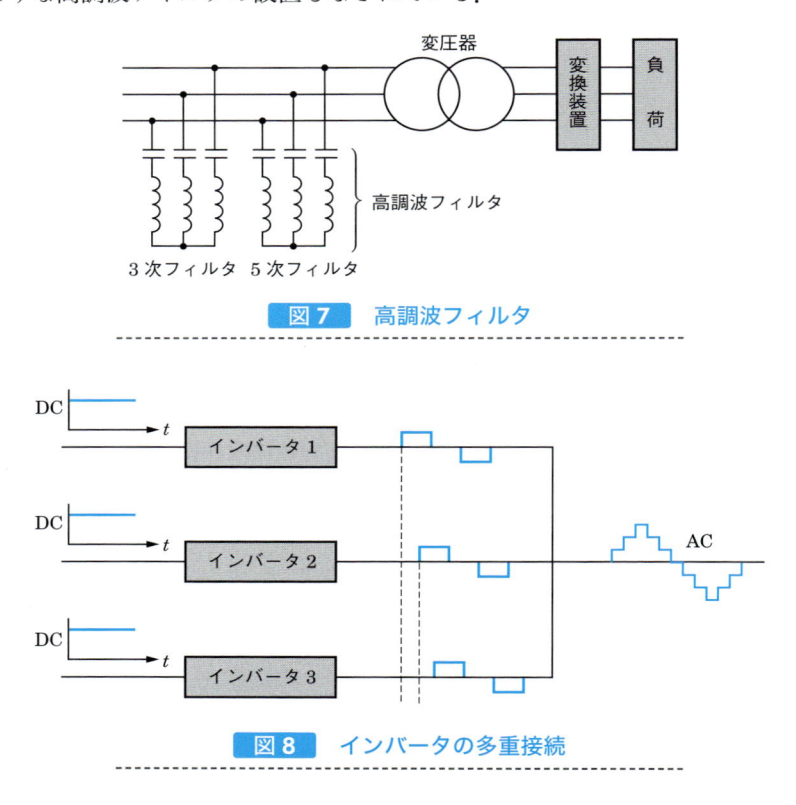

図 **7** 高調波フィルタ

図 **8** インバータの多重接続

　フィルタによる高調波の吸収のほかに，インバータなどの出力波形をより正弦波に近づける方法がある．それは，インバータの PWM 制御（4章7節「インバータ回路の特性」を参照）や，**図8**のように，独立したインバータを組み合わせる多重接続である．

　この方式は，方形波を出力するインバータを複数設け，各インバータの位相をずらして図8のように多重接続することで，出力波形をより正弦波に近づけるようにする方式である．

3 章のまとめ

01 *RC* 回路の過渡特性

直流電圧を加えたときの電圧と電流は，指数関数的な過渡特性を示す．
$T = RC$〔s〕を時定数といい，過渡特性の変化の速さを表す目安である．

02 *RL* 回路の過渡特性

RL 回路の電流は，インダクタンス L によって，増減を妨げられる．
時定数は，$T = L/R$〔s〕である．

03 *LC* 回路の振動特性

直流電圧を印加すると，共振周波数で振動し，C に加わる電圧は印加電圧より高くなる．

04 サイリスタの転流方法

サイリスタをターンオフさせるには，サイリスタに流れる電流を遮断するか，逆方向の電圧を加える．

05 パルスの発生回路

発生パルスの周期は，RC の充放電時間によって決まる．

06 波形整形

入力波形の一部を切り取ったり，波形の基準レベルを変えるなどの操作をいう．

07 クリッパ回路

入力波形の上部または下部を切り取る回路をいう．

08 クランプ回路

波形の上部または下部を 0 V の位置に固定する回路をいう．

09 ひずみ波

ひずみ波は，周波数の異なる正弦波の合成で表すことができる．

10 方形波の成分

方形波は，高い周波数までの高調波を多く含んでいる．

11 高調波の影響

高調波は，いろいろな障害をもたらすため，負荷に現れるのを防がなければならない．

4章

パワーエレクトロニクス
の基本回路

パワーエレクトロニクスは，電力用半導体素子を用いて，電力変換し，制御する技術である．AC → DC 変換，DC → DC 変換，DC → AC 変換，AC → AC 変換などの回路は，パワーエレクトロニクスの核となる．

この章では，これらの基本回路について説明する．

4-01 単相半波整流回路の特性

01 単相半波整流回路の特性

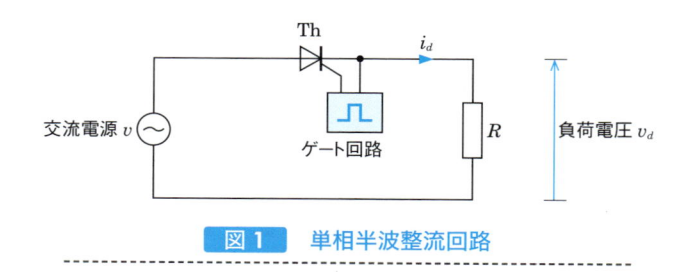

図1　単相半波整流回路

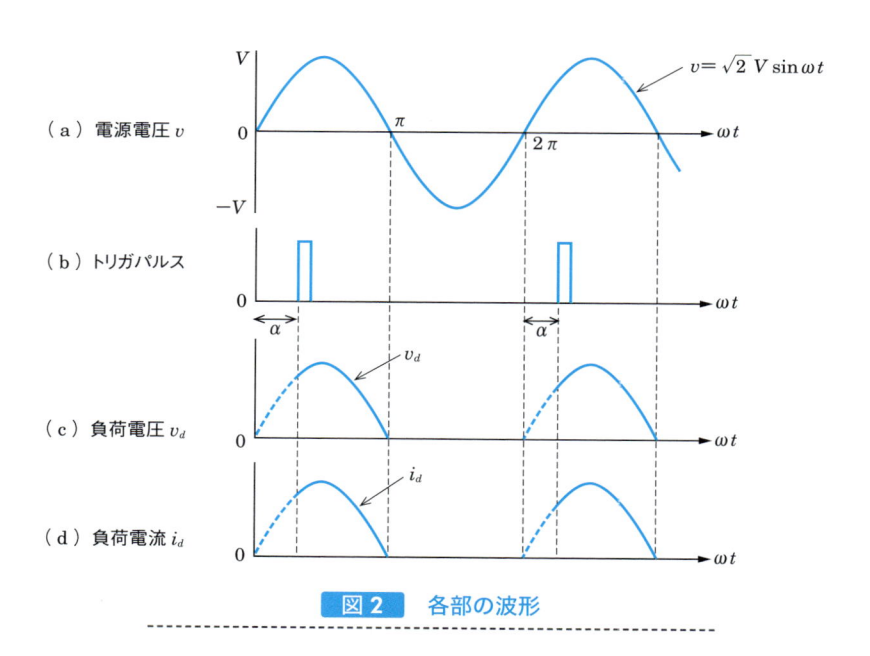

図2　各部の波形

98

交流から直流を得る回路を整流回路といい，半波整流回路は，交流の正負の波の片方だけを取り出して直流にするもので，**図1**は，サイリスタを用いた単相半波整流回路の原理図である．**図2**は，回路の電源電圧，サイリスタのトリガパルス，負荷電圧，負荷電流の波形を表したものである．

図2(a)のような電源電圧 $v = \sqrt{2}\, V \sin \omega t$〔V〕を，図2(b)のように，$0 \sim \pi$〔rad〕の間において，位相角 α〔rad〕でサイリスタをターンオンさせると，図2 (d) のような電流 i_d が流れ，図2 (c) のような電圧 v_d が発生する．ωt が $\pi \sim 2\pi$〔rad〕では，サイリスタには逆方向電圧が加わるので，ターンオフし，電流 i_d は流れない．

負荷電圧 v_d の平均値 V_d は，v_d の $\alpha \sim \pi$ までの面積を 2π で割って，次のようになる．

$$V_d = \frac{1}{2\pi} \int_{\alpha}^{\pi} \sqrt{2}\, V \sin \omega t \, d\omega t$$

$$= \frac{V}{\sqrt{2}\,\pi} (1 + \cos \alpha)$$

$$= 0.225\, V (1 + \cos \alpha) \tag{1}$$

また，負荷電流 i_d の平均値 I_d は，次のようになる．

$$I_d = \frac{V_d}{R}$$

式 (1) の位相角 α を制御角といい，$\alpha = 0$ rad のとき，$V_d = 0.45\, V$〔V〕と最大となり，$\alpha = \pi$〔rad〕のとき，$V_d = 0$ V となる．**図3**のように，α を $0 \sim \pi$〔rad〕の間で変化させることによって，直流電圧 V_d を制御することができる．

ここで，サイリスタをダイオードに置き換えた場合は，$\alpha = 0$ とした値となる．

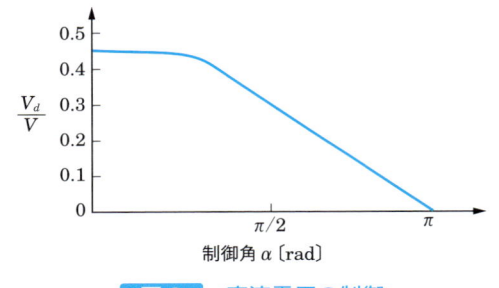

図3 直流電圧の制御

02 単相半波整流回路（インダクタンスを含む場合）

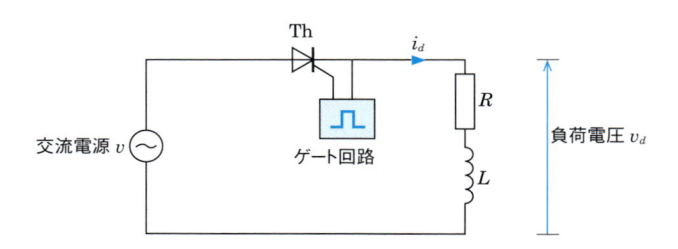

図4 インダクタンスを含む単相半波整流回路

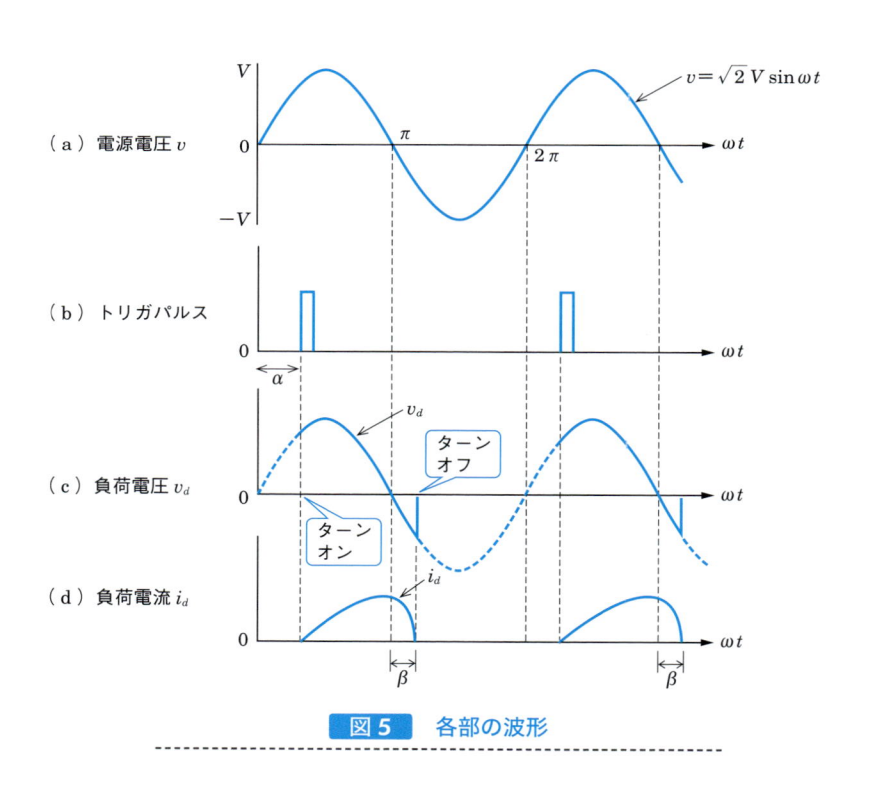

図5 各部の波形

　図4は，サイリスタを用いた単相半波整流回路で，負荷にインダクタンスを含んだものである．図5は，回路の電源電圧，サイリスタのトリガパルス，負荷電圧，負荷電流の波形を表したものである．

　図5(a)のような電源電圧 $v = \sqrt{2}\,V \sin \omega t$〔V〕を，図5(b)のように，$0 \sim \pi$〔rad〕の間で位相角 α〔rad〕でサイリスタをターンオンさせる．図5(c) の負荷電圧 v_d に対し，この負荷はインダクタンス L を含むため，負荷電流 i_d は，図5(d) のように，立上りが遅れて滑らかに上昇していき，抵抗負荷だけの場合のように両者は相似形にはならない．また，v_d が π〔rad〕に近づくに従って，i_d は下降していくが，v_d が0Vになっても，L の影響で0Aにはならず流れ続ける．負荷電圧 v_d は，π を過ぎると負になるが，順方向に負荷電流 i_d が流れているため，サイリスタはオンし続け，$\pi + \beta$ の位置で0Aになる．そして，サイリスタも，この位置でターンオフする．

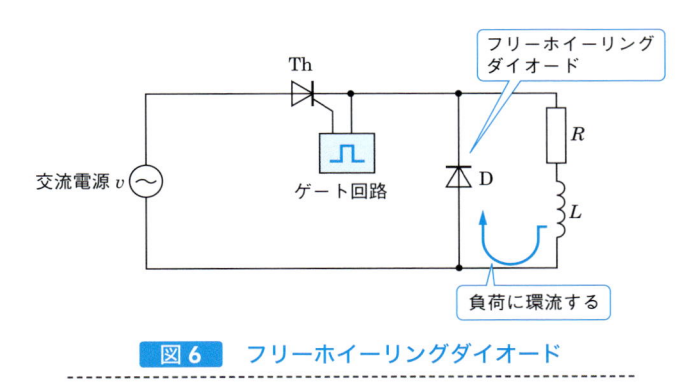

図6　フリーホイーリングダイオード

　この回路では，負荷電圧 v_d は負の部分が生じるので，抵抗負荷だけの場合と比べて小さくなる．そこで，図6のように，負荷と並列にダイオードDを接続する．すると，L によって π から $\pi + \beta$〔rad〕のときに流れる電流が，負荷に環流され，サイリスタをターンオフし，負の電圧が加わることがなくなり，整流特性が良くなる．このダイオードのことを**環流ダイオード**または**フリーホイーリングダイオード**といい，インダクタンスの影響を除去するために用いられる．

01　ブリッジ整流回路（抵抗負荷だけの場合）

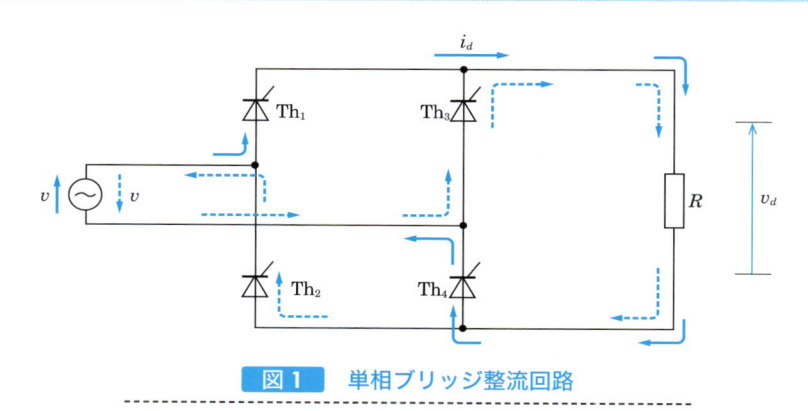

図1　単相ブリッジ整流回路

　全波整流回路は，交流の正負の波の両方を取り出して直流にするもので，**図1**は，サイリスタを用いた単相ブリッジ整流回路の原理図である．**図2**は，回路の電源電圧，サイリスタのトリガパルス，負荷電圧，負荷電流の波形を表したものである．

　図2 (a) のような電源電圧 $v = \sqrt{2}\,V \sin \omega t$ 〔V〕を，図2 (b) のように，$\omega t = 0 \sim \pi$〔rad〕の間では，制御角 α〔rad〕でサイリスタ $\mathrm{Th_1}$ と $\mathrm{Th_4}$ をターンオンさせ，$\omega t = \pi \sim 2\pi$ の間では，$\pi + \alpha$〔rad〕で $\mathrm{Th_2}$ と $\mathrm{Th_3}$ をターンオンさせ，これを繰り返していく．

　$0 \sim \pi$〔rad〕の間では，α〔rad〕で，サイリスタ $\mathrm{Th_1}$ と $\mathrm{Th_4}$ が導通し，電流 i_d は $\mathrm{Th_1} \rightarrow R \rightarrow \mathrm{Th_4}$ という流れで，負荷抵抗 R に図2 (c) のような正の電圧が生じる．$\omega t = \pi$〔rad〕で，電源電圧 v は $0\,\mathrm{V}$ となり，$\mathrm{Th_1}$ と $\mathrm{Th_4}$ はターンオフする．

　$\pi \sim 2\pi$〔rad〕の間でも，$\pi + \alpha$〔rad〕で，電流 i_d は $\mathrm{Th_3} \rightarrow R \rightarrow \mathrm{Th_2}$ という流れで，負荷抵抗 R には正の電圧が生じる．$\omega t = 2\pi$〔rad〕で，電源電圧 v は

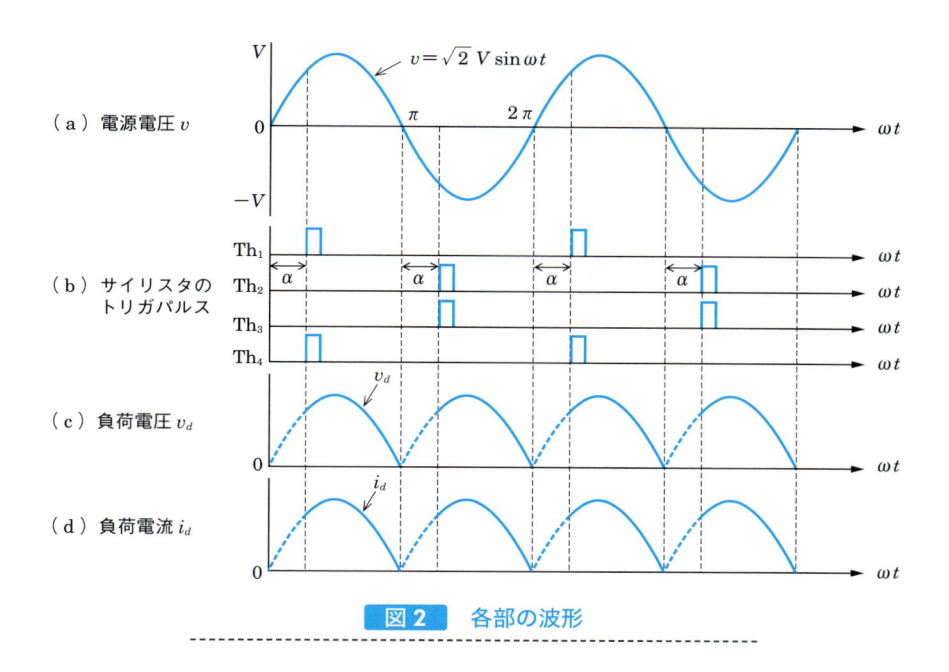

（a）電源電圧 v

（b）サイリスタの
　　　トリガパルス

（c）負荷電圧 v_d

（d）負荷電流 i_d

図2 各部の波形

0 V となり，Th_2 と Th_3 はターンオフする.

　この回路の負荷は，抵抗だけなので，負荷電圧 v_d と電流 i_d の波形にずれは生じず，位相は同じになる.

　負荷電圧 v_d の平均値 V_d は，v_d の $\alpha \sim \pi$ までの面積を π で割って，次のようになる.

$$V_d = \frac{1}{\pi} \int_{\alpha}^{\pi} \sqrt{2}\, V \sin \omega t\, d\omega t = \frac{\sqrt{2}}{\pi} V(1 + \cos \alpha)$$

$$= 0.45\, V(1 + \cos \alpha) \tag{1}$$

　式 (1) より，制御角 $\alpha = 0$ rad のとき，$V_d = 0.9\, V$〔V〕と最大となり，$\alpha = \pi$〔rad〕のとき，$V_d = 0$ V となる．全波整流回路は，半波整流回路に比べて，α を $0 \sim \pi$〔rad〕の間で変化させることによって，2倍の電圧が得られる．ここで，整流素子にダイオードを使用した場合の直流電圧の平均値 V_d は，制御角 $\alpha = 0$ としたときの V_d に等しい.

02 ブリッジ整流回路（インダクタンスを含む場合）

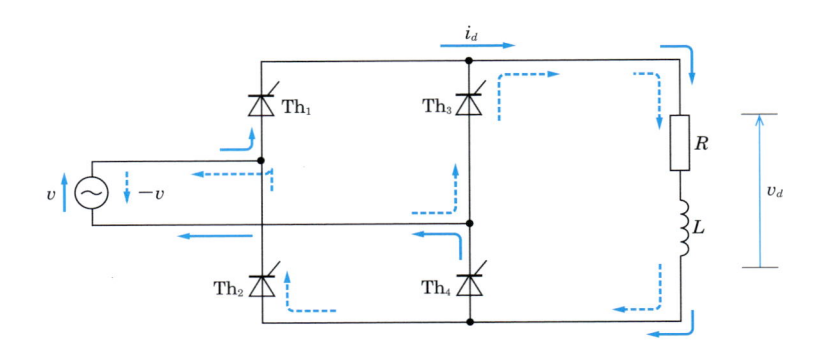

図3 インダクタンスを含む単相ブリッジ整流回路

図3は，サイリスタを用いた単相ブリッジ整流回路で，負荷にインダクタンス L が入ったものである．**図4**は，回路の電源電圧，サイリスタのトリガパルス，負荷電圧，負荷電流の波形を表したものである．

図4(a)のような電源電圧 $v = \sqrt{2}\,V \sin \omega t$〔V〕を，図4(b)のように，$\omega = 0 \sim \pi$〔rad〕の間では，制御角 α〔rad〕でサイリスタ $\mathrm{Th_1}$ と $\mathrm{Th_4}$ をターンオンさせ，$\omega = \pi \sim 2\pi$〔rad〕の間では，$\pi + \alpha$〔rad〕で $\mathrm{Th_2}$ と $\mathrm{Th_3}$ をターンオンさせ，これを繰り返していく．

$0 \sim \pi$〔rad〕の間では，α〔rad〕で，$\mathrm{Th_1} \rightarrow R \rightarrow L \rightarrow \mathrm{Th_4}$ という電流の流れができ，負荷抵抗 R に図4(c)のような正の電圧が生じる．しかし，電流 i_d は，インダクタンスのため立上りが遅れて上昇する．$\omega = \pi$〔rad〕で，v_d は 0 V になるが，インダクタンスの影響で電流 i_d は流れ続け，$\mathrm{Th_1}$ と $\mathrm{Th_4}$ はオン状態を持続する．$\omega = \pi + \alpha$〔rad〕で，$\mathrm{Th_2}$ と $\mathrm{Th_3}$ はターンオンし，$\mathrm{Th_1}$ と $\mathrm{Th_4}$ には逆電圧が加わりターンオフする．

$\pi \sim 2\pi$〔rad〕の間でも，$\pi + \alpha$〔rad〕で，$\mathrm{Th_3} \rightarrow R \rightarrow L \rightarrow \mathrm{Th_2}$ という電流の流れで，負荷抵抗 R には正の電圧が生じる．$\omega t = 2\pi$ で，電源電圧 v は 0 V となるが，インダクタンスの影響で電流 i_d は流れ続け，$\mathrm{Th_2}$ と $\mathrm{Th_3}$ はオン状態を続ける．そして，次の制御角 α のときに，$\mathrm{Th_1}$ と $\mathrm{Th_4}$ のターンオンとともに，逆

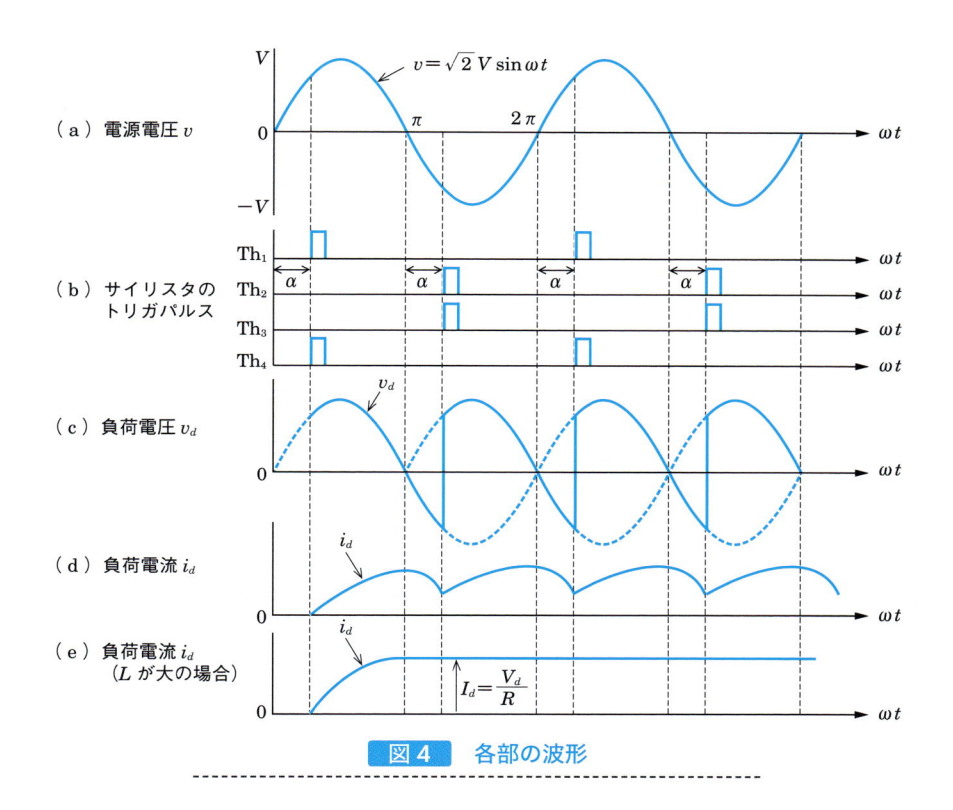

（a）電源電圧 v

（b）サイリスタの
　　トリガパルス

（c）負荷電圧 v_d

（d）負荷電流 i_d

（e）負荷電流 i_d
　　（L が大の場合）

図4　各部の波形

電圧によって Th_2 と Th_3 はターンオフする.

電流 i_d は,図4(d)のように,インダクタンスの影響で常に流れ続け脈流となる.
負荷のインダクタンス L が大きく,制御角 α が小さいと,図4 (e) のように,L
の影響を受けて i_d は連続して流れる.このときの平均電圧 V_d は,次のようになる.

$$V_d = \frac{1}{\pi}\int_{\alpha}^{\pi}\sqrt{2}\,V\sin\omega t\,d\omega t = \frac{2\sqrt{2}}{\pi}V\cos\alpha$$

$$= 0.9\,V\cos\alpha \tag{2}$$

この場合,制御角 $\alpha = \pi/2$ で,$V_d = 0\,\mathrm{V}$ となり,$\alpha = \pi/2 \sim \pi$ では,V_d は負
になる.また,平均電流 I_d は,$I_d = V_d/R$ となる.

問 1

　図の単相半波整流回路において，交流電源電圧 v の実効値が $100\,\mathrm{V}$，負荷抵抗 R が $5\,\Omega$，制御角 α が $0\,\mathrm{rad}$ である．負荷電圧の平均値 V_d および負荷電流の平均値 I_d を求めなさい．

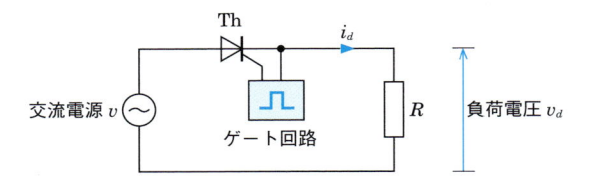

問 2

　図 1 の回路において，スイッチ S を開いて運転したときに，負荷力率に応じて負荷電圧 v_d の波形は図 2 の □（ア）□ となり，負荷電流 i_d の波形は図 2 の □（イ）□ となった．次にスイッチ S を閉じ，環流ダイオードを接続して運転したときには，負荷電圧 v_d の波形は図 2 の □（ウ）□ となり，負荷電流の流れる期間は，スイッチ S を開いて運転したときよりも長くなる．

　上記の（ア）〜（ウ）に当てはまる語句を記入しなさい．

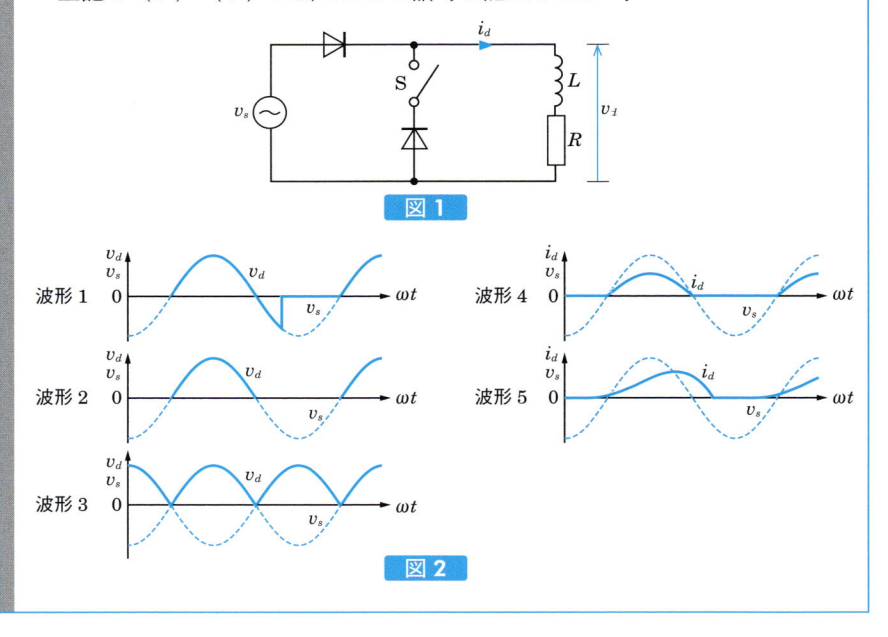

問3

図1の回路において，一定の交流電源電圧を v，電源電流を i_1，ダイオードの電流を i_2, i_3, i_4, i_5 とする．図2は交流電源電圧 v に対する各部の電流波形の候補を示している．図1の電流 i_1, i_2, i_3, i_4, i_5 の波形として正しい組合せを次の (1)〜(5) のうちから一つ選びなさい．

	i_1	i_2	i_3	i_4	i_5
(1)	電流波形1	電流波形4	電流波形3	電流波形3	電流波形4
(2)	電流波形2	電流波形3	電流波形4	電流波形4	電流波形3
(3)	電流波形1	電流波形4	電流波形3	電流波形4	電流波形3
(4)	電流波形2	電流波形4	電流波形3	電流波形3	電流波形4
(5)	電流波形1	電流波形3	電流波形4	電流波形4	電流波形3

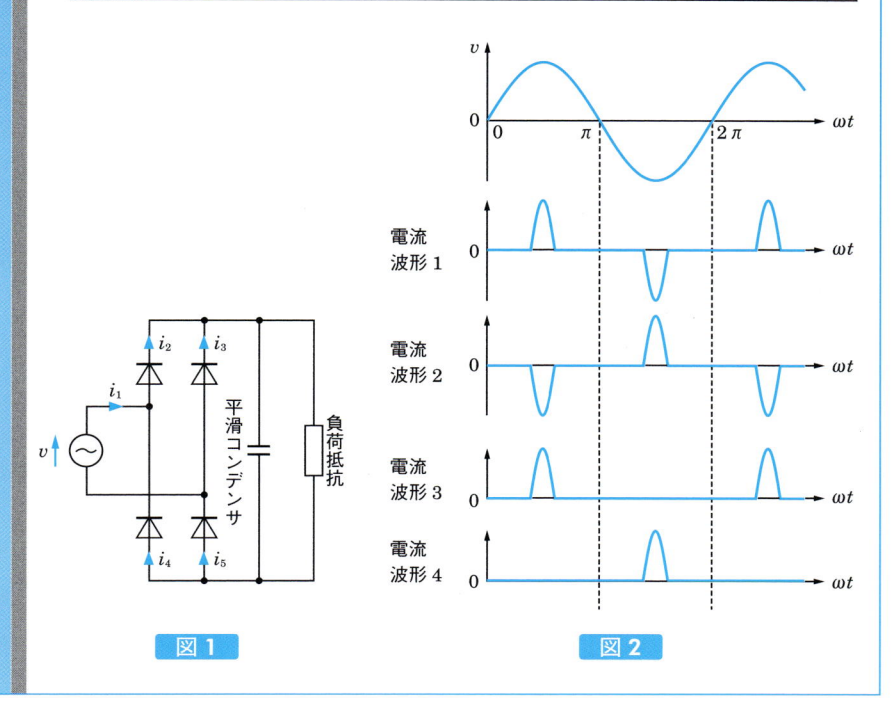

図1　図2

三相整流回路の特性

01 三相交流の波形

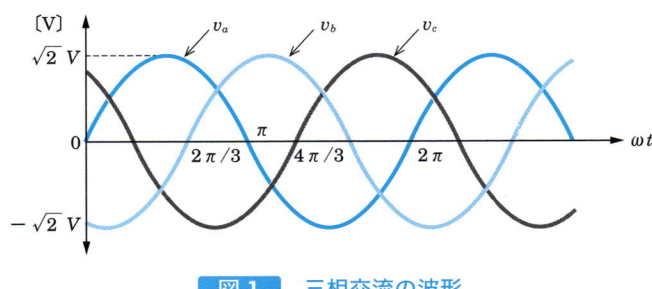

図1 三相交流の波形

図1のように，実効値が等しく，それぞれ$2\pi/3$〔rad〕ずつ位相がずれた3つの単相交流を1つの組として扱うものを**三相交流**という．

各相の起電力の実効値をV〔V〕，角周波数をωt〔rad/s〕とすると，各起電力は，次のように表される．

$$v_a = \sqrt{2}\, V \sin \omega t$$
$$v_b = \sqrt{2}\, V \sin(\omega t - 2\pi/3)$$
$$v_c = \sqrt{2}\, V \sin(\omega t - 4\pi/3)$$

三相交流を扱う場合，上式のように，3つの単相交流が同時に，それぞれ独立して存在することを理解しておくことが大切である．

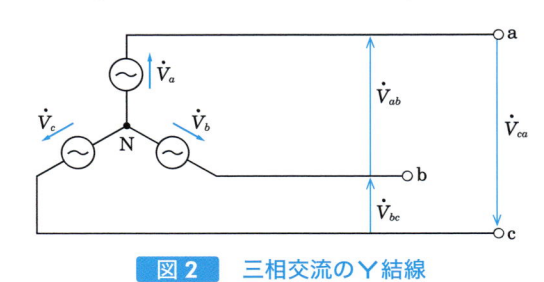

図2 三相交流のY結線

　三相交流の結線方法には，Ｙ結線と△結線があり，**図２**は，Ｙ結線を表したものである．各相の電圧 $\dot{V}_a$，$\dot{V}_b$，$\dot{V}_c$ を**相電圧**という．また，各電線間の電圧 $\dot{V}_{ab}$，$\dot{V}_{bc}$，$\dot{V}_{ca}$ を**線間電圧**といい，線間電圧は相電圧の差で求めることができる．各相の共通点 N を**中性点**といい，電位は０Ｖである．

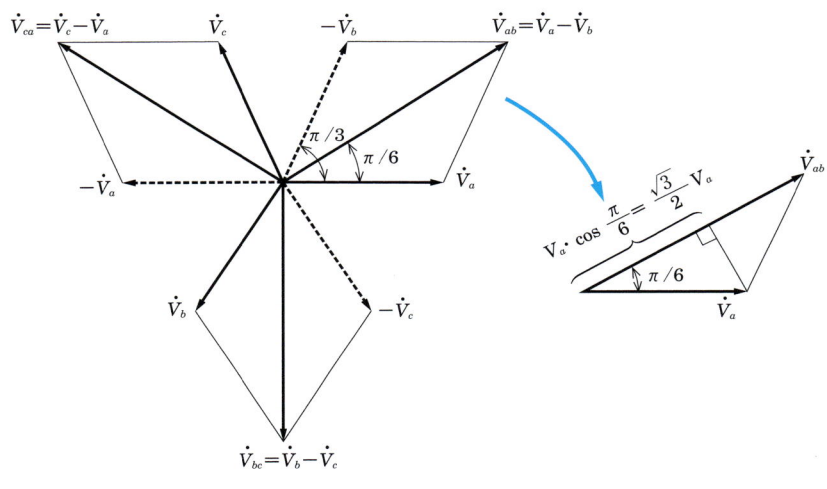

図3　相電圧と線間電圧の関係

　図３は，相電圧と線間電圧の関係をベクトル図に表したものである．

　$\dot{V}_a$，$\dot{V}_b$，$\dot{V}_c$ は，$\dot{V}_a$ を基準に $2\pi/3$ ずつ位相がずれている．各線間電圧は，次のように求められる．

$$\dot{V}_{ab} = \dot{V}_a - \dot{V}_b$$
$$\dot{V}_{bc} = \dot{V}_b - \dot{V}_c$$
$$\dot{V}_{ca} = \dot{V}_c - \dot{V}_a$$

　上式の関係を表したベクトル図より，Ｙ結線の線間電圧の位相は，相電圧より $\pi/6$〔rad〕進むことがわかる．

　また，線間電圧 V_{ab} と相電圧 V_a の関係は，互いの位相差が $\pi/6$ であるから，次のようになる．

$$V_{ab} = \sqrt{3}\,V_a \quad (V_{bc} = \sqrt{3}\,V_b, \quad V_{ca} = \sqrt{3}\,V_c)$$

02 ダイオードによる半波整流回路

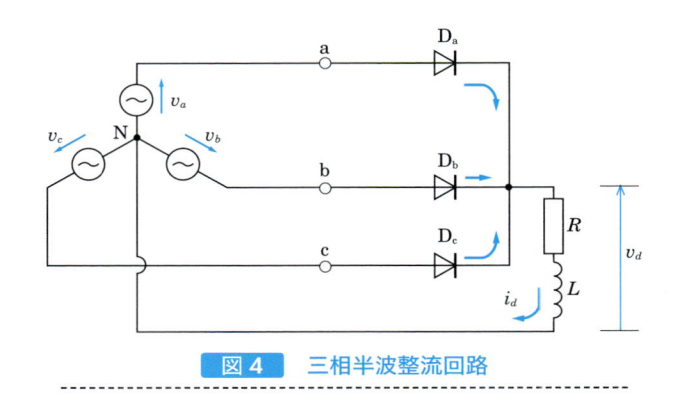

図4 三相半波整流回路

　図4は，ダイオードによる三相半波整流回路である．この回路は，各相電圧による電流が，負荷を流れて中性点Nに戻るようになっている．したがって，三相交流の各相電圧の中で一番電圧の高いものがダイオードの作用で負荷に接続され，負荷電圧 v_d となる．

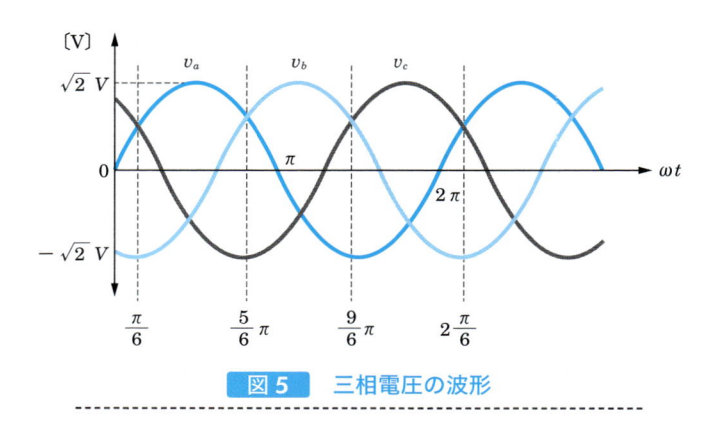

図5 三相電圧の波形

　この回路の動作を，**図5**の三相電圧の波形で電流の流れを考えていく．三相交流の各相電圧 v_a，v_b，v_c の実効値を V〔V〕，角周波数を ωt〔rad/s〕とする．

　図5で，$\pi/6$〔rad〕を過ぎた時点では，v_a，v_b，v_c の中で v_a の電圧が一番高く，

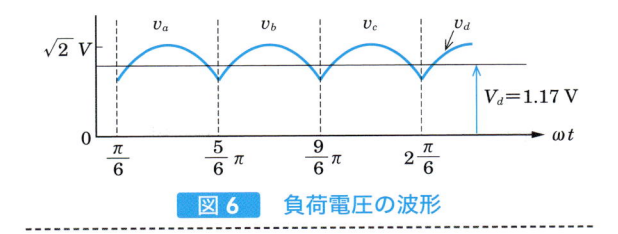

図6 負荷電圧の波形

ダイオード D_a は順電圧でオンとなる．D_b，D_c は v_a の逆電圧でオフとなり，負荷には v_a の電圧が加わり，これが**図6**のように $5\pi/6$〔rad〕まで続く．

$5\pi/6$〔rad〕を過ぎると，v_b の電圧が一番高くなり，D_b がオン，D_a，D_c がオフとなり，v_b の電圧が $9\pi/6$〔rad〕まで負荷に加わる．

$9\pi/6$〔rad〕以降は，同じように v_c の電圧が負荷に加わる．

この3つの電圧の関係によって，図6のような負荷電圧 v_d になる．

この負荷電圧 v_d の平均値 V_d は，$\pi/6$ から $5\pi/6$ までの $2\pi/3$〔rad〕の v_a の波形に注目し，次のようになる．

$$
\begin{aligned}
V_d &= \frac{1}{2\pi/3} \int_{\pi/6}^{5\pi/6} v_a \, d\omega t \\
&= \frac{1}{2\pi/3} \int_{\pi/6}^{5\pi/6} \sqrt{2}\, V \sin \omega t \, d\omega t \\
&= \frac{3\sqrt{6}}{2\pi} V \\
&= 1.17\, V
\end{aligned}
\tag{3}
$$

負荷電流 i_d は，負荷にインダクタンス L が含まれているため平滑になり，その平均値 I_d は，次のようになる．

$$
I_d = \frac{V_d}{R}
$$

03　ダイオード全波整流回路

図7は，ダイオードによる三相全波整流回路で，Y結線された三相電源が接続されている．この回路の動作について，**図8**の三相電圧の波形で電流の流れを考えていく．

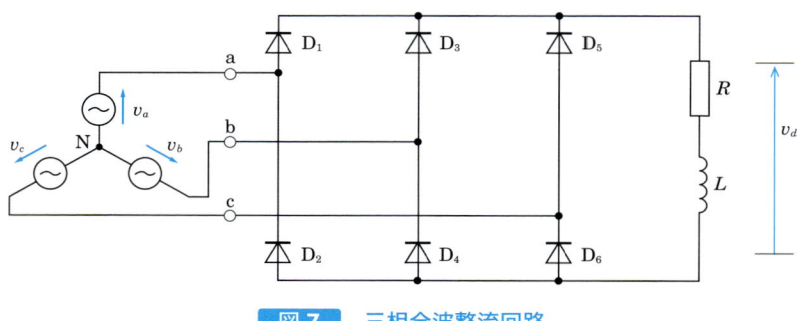

図 7　三相全波整流回路

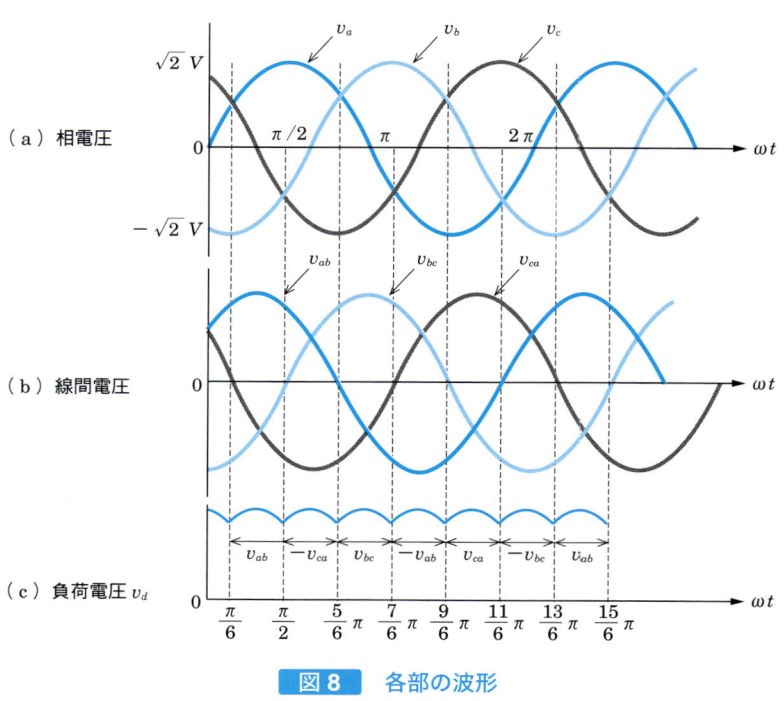

（a）相電圧

（b）線間電圧

（c）負荷電圧 v_d

図 8　各部の波形

　図8（a）は，Ｙ結線の相電圧の波形で，v_a, v_b, v_c が v_a を基準に $2\pi/3$ ずつ位相がずれており，実効値は V〔V〕，角周波数は ω〔rad/s〕とする．

　図8（b）は，線間電圧の波形で，相電圧より位相が $\pi/6$〔rad〕だけ進んでおり，実効値の大きさは $\sqrt{3}\,V$〔V〕である．

　三相全波整流回路は，正負の電圧が負荷に同じ方向に加わるため，正負の電圧の絶対値で考える．

　図8（b）の線間電圧の波形で，$\pi/6$ から $\pi/2$〔rad〕までの間では，v_{ab} の電圧が一番大きい．v_{ab} の正の電圧によって，D_1 →負荷→ D_4 という順路で電流が流れ，負荷に図8（c）の $\pi/6$ から $\pi/2$〔rad〕のような電圧が生じる．

　$\pi/2$ から $5\pi/6$〔rad〕の間では，$-v_{ca}$ の電圧が一番大きいので，v_{ca} の負の電圧によって，D_1 →負荷→ D_6 という順路で電流が流れる．

　$5\pi/6$ から $7\pi/6$ では，v_{bc} の正の電圧によって，D_3 →負荷→ D_6 という順路で電流が流れる．

　このように，3つの波形の中で一番大きい電圧の波形が，奇数番号のダイオード D_1, D_3, D_5 のどれか1つを通って負荷に電流が流れる．その流れた負荷電流の電圧降下によってほかの2つのダイオードは逆電圧になる．負荷に流れた電流は，偶数番号のダイオード D_2, D_4, D_6 のいずれかを通って電源に戻る．

　負荷電圧 v_d は，図8（c）のように，$\pi/3$〔rad〕間隔ごとに各線間電圧が現れる．この負荷電圧 v_d の平均値 V_d は，$\pi/6$ から $\pi/2$ までの $\pi/3$〔rad〕の v_{ab} の波形に注目して，次のようになる．

$$V_d = \frac{1}{\pi/3} \int_{\pi/6}^{\pi/2} \sqrt{2}\,V_{ab} \sin\left(\omega t + \frac{\pi}{6}\right) d\omega t$$

$$= \frac{3\sqrt{2}}{\pi} V_{ab}$$

$$= 1.35\,V_{ab} \quad (V_{ab} \text{ は } v_{ab} \text{ の実効値}) \tag{4}$$

4-04 サイリスタ整流回路

01 半波整流回路の位相制御

　前節で説明したダイオードによる半波整流回路をサイリスタに置き換えると，位相制御によって負荷電圧を制御することができる．

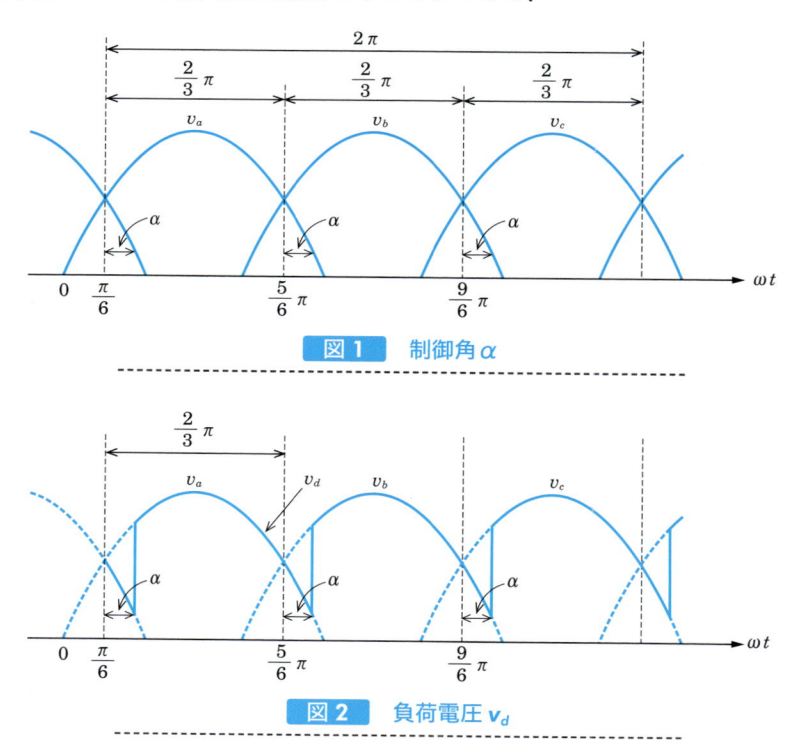

図1 制御角 α

図2 負荷電圧 v_d

　半波整流回路の場合，3つのサイリスタの制御角 α は，**図1**のように，三相交流の各電圧の重なりを基準に設定する．この場合の負荷電圧 v_d は，**図2**のようになり，このときの平均電圧 V_d は，$0+\alpha \sim 2\pi/3+\alpha$ までの $2\pi/3$〔rad〕の v_a に注目して，次のようになる．

$$V_d = \frac{1}{2\,\pi/3} \int_{\pi/6+\alpha}^{5\pi/6+\alpha} \sqrt{2}\ V \sin \omega t\ d\omega t = \frac{3\sqrt{6}}{2\,\pi} \cos \alpha$$

$$= 1.17\ V \cos \alpha \tag{1}$$

ただし，制御角 α は，抵抗負荷の場合，$0 \leqq \alpha \leqq \pi/6$〔rad〕の範囲であり，$\pi/6$〔rad〕を過ぎると，電流は断続する．

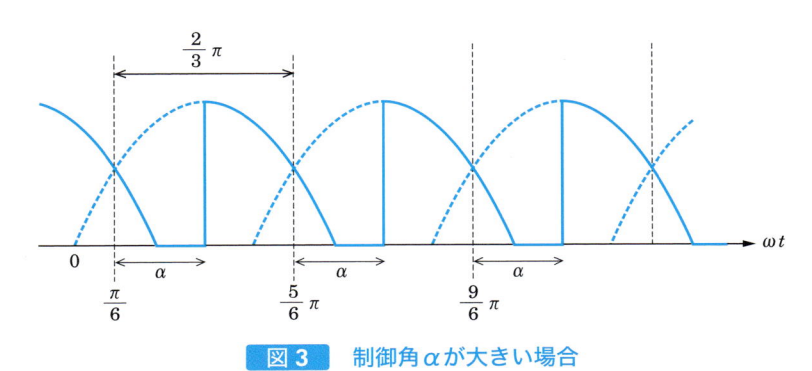

図 3　制御角 α が大きい場合

インダクタンスが小さく制御角 α が大きい場合，**図 3** に示すように，次のターンオンの前に電流が 0 になりすべてのサイリスタがオフとなる．したがって，V_d が 0 になる期間が生じる．

この場合の平均電圧 V_d は，α が $0 \leqq \alpha \leqq \pi/6$〔rad〕では，式（1）となるが，$\pi/6 < \alpha \leqq 5\,\pi/6$〔rad〕では，次のようになる．

$$V_d = \frac{1}{2\,\pi/3} \int_{\pi/6+\alpha}^{\pi} \sqrt{2}\ V \sin \omega t\ d\omega t$$

$$= \frac{3\sqrt{2}}{2\,\pi} V \left\{ 1 + \cos\left(\alpha + \frac{\pi}{6} \right) \right\}$$

$$= 0.675\ V \left\{ 1 + \cos\left(\alpha + \frac{\pi}{6} \right) \right\} \tag{2}$$

また，負荷にインダクタンスを含む場合の平均電圧 V_d は，式（1）で表される．

02 全波整流回路の位相制御

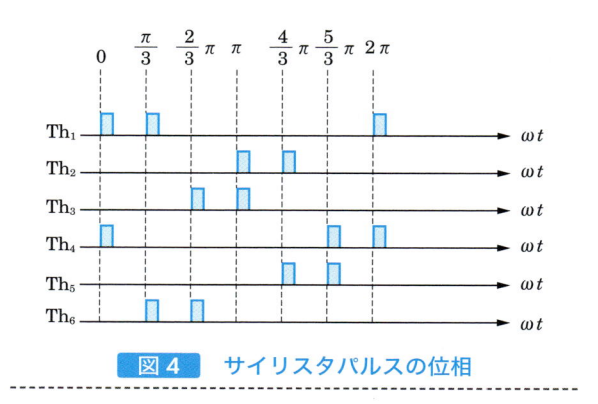

図4 サイリスタパルスの位相

前節で説明したダイオードによる全波整流回路をサイリスタに置き換えて位相制御を考えてみる. 全波整流回路では, 6個のサイリスタを, **図4**のように $\pi/3$〔rad〕間隔でターンオンし, 負荷電圧を制御していく. このときのサイリスタの制御角 α は, **図5**(a)に示すような各相電圧の重なりを基準に設定する. この場合の負荷電圧 v_d は図5(c)のようになる. 平均電圧 V_d は, $\pi/6 + \alpha \sim \pi/2 + \alpha$ までの $\pi/3$〔rad〕の v_{ab} に注目して, 次のようになる.

$$V_d = \frac{1}{\pi/3} \int_{\pi/6+\alpha}^{\pi/2+\alpha} \sqrt{2}\, V_{ab} \sin\left(\omega t + \frac{\pi}{6}\right) d\omega t$$

$$= \frac{3\sqrt{2}}{\pi} V_{ab} \cos\alpha$$

$$= 1.35\, V_{ab} \cos\alpha \tag{3}$$

制御角 α が $0 \leq \alpha \leq \pi/3$〔rad〕の範囲では V_d は正であるが, 図5(d)のように, α が $\pi/3$〔rad〕を過ぎて $\pi/2$ では正負の電圧が等しく0となり, それを過ぎると負となる.

負荷にインダクタンスを含んだ場合は, 式(3)で負荷に負の電力が供給される. しかし, 抵抗負荷だけの場合は, V_d の負の部分が0Vとなるので, $\pi/3 < \alpha \leq 2\pi/3$ の期間の V_d は, 次のように表される.

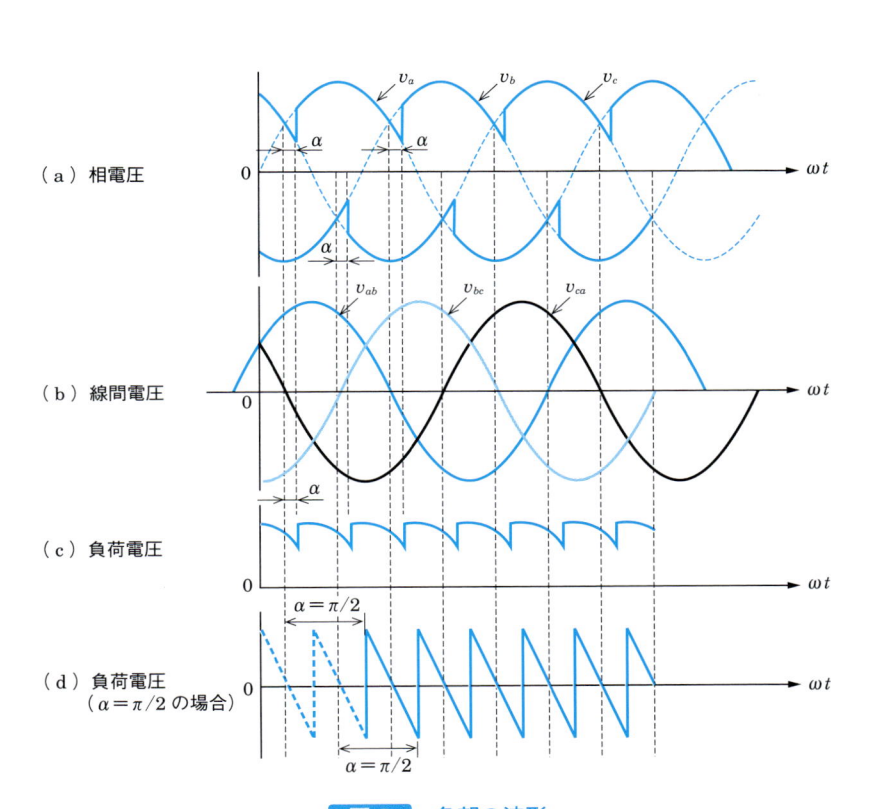

（a）相電圧

（b）線間電圧

（c）負荷電圧

（d）負荷電圧
　　（$\alpha = \pi/2$ の場合）

図5 各部の波形

$$V_d = \frac{1}{\pi/3} \int_{\pi/6+\alpha}^{5\pi/6} \sqrt{2}\, V_{ab} \sin\left(\omega t + \frac{\pi}{6}\right) d\omega t$$

$$= \frac{3\sqrt{2}}{\pi} V_{ab} \left\{1 + \cos\left(\alpha + \frac{\pi}{3}\right)\right\}$$

$$= 1.35\, V_{ab} \left\{1 + \cos\left(\alpha + \frac{\pi}{3}\right)\right\} \tag{4}$$

α が，$\alpha > 2\pi/3$ 〔rad〕の場合は，V_d は正の部分がなくなるため，0 V となる．

4-05 DC チョッパ回路

01 チョッパとは

チョッパ（chopper）とは，「切り刻む道具」という意味で，**DC チョッパ回路**は，直流電源を切り刻んで，ほかの大きさの直流電圧に変換する回路をいう．

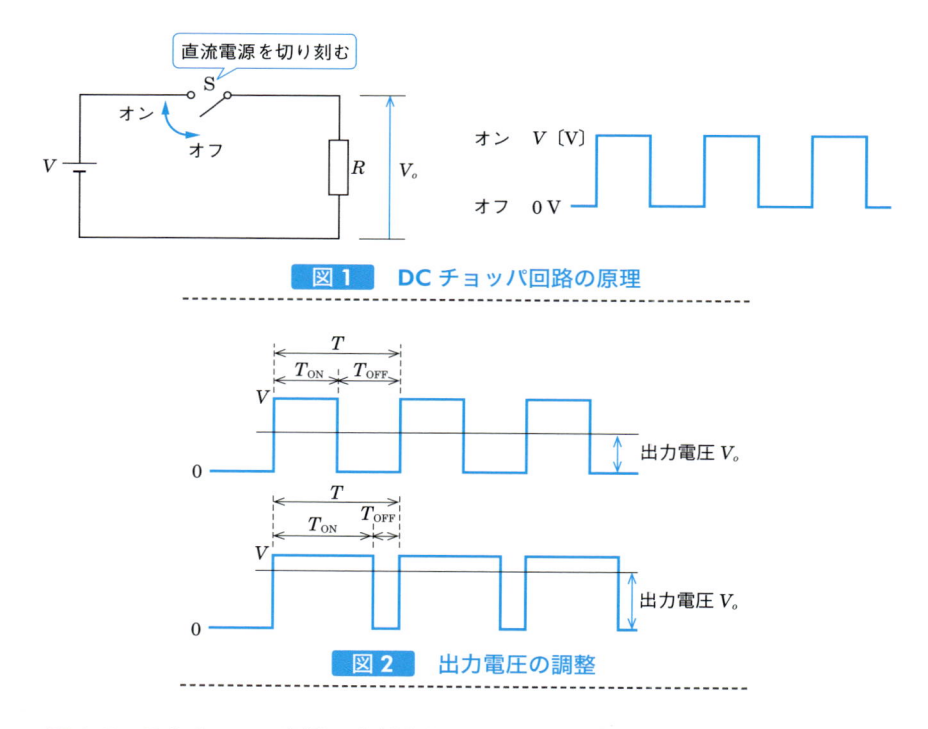

図1 DC チョッパ回路の原理

図2 出力電圧の調整

　図1は，DC チョッパ回路の原理図である．直流電源に負荷と直列にスイッチを接続し，スイッチをオンしている時間とオフしている時間の比を変化させると，負荷に加わる平均電圧を変化させることができる．

　スイッチSのオンオフを，半導体素子に置き換えて高速で行うことで，ほぼ直流に近い出力を得ることができる．

出力電圧の調整は，**図2**のように，一定の周期 T〔s〕の中でスイッチをオンする時間 T_{ON}〔s〕とオフする時間 T_{OFF}〔s〕の比を変えることで行う．

出力電圧 V_o は，次のように表される．

$$V_o = \frac{T_{\mathrm{ON}}}{T_{\mathrm{ON}} + T_{\mathrm{OFF}}} V \tag{1}$$

式 (1) で，$T_{\mathrm{ON}} / (T_{\mathrm{ON}} + T_{\mathrm{OFF}})$ を通流率といい，1 より小さいので出力電圧 V_o は電源電圧 V より小さくなる．このような出力電圧が 0 から電源電圧まで変えられるチョッパを**降圧チョッパ回路**という．このほかに，電源電圧以上に変えられる**昇圧チョッパ回路**，この 2 つを組み合わせた**昇降圧チョッパ回路**がある．

02　降圧チョッパ回路

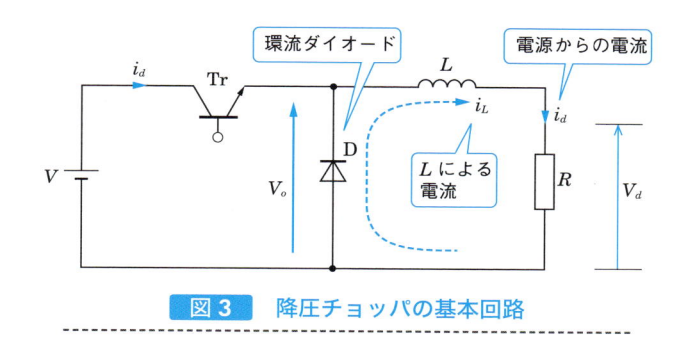

図3　降圧チョッパの基本回路

図3は，直流電源のオンオフをトランジスタで行う降圧チョッパの基本回路である．インダクタンス L は出力電流を平滑にするためのもの，ダイオード D はトランジスタによるオンオフで L に蓄えられたエネルギーを放出し，トランジスタを保護するための環流ダイオードである．

この回路の動作を**図4**の各部の波形で説明する．トランジスタ Tr が T_{ON}〔s〕時間オンすると，電流 i_d は，直流電源電圧 V から Tr → L →負荷 (R) の経路で流れ，電源電圧 V の電力が出力されるとともにインダクタンス L にも電磁エネルギーが蓄積される．このときの出力電圧 V_o は，図4 (a) のようになり，電流 i_d は，RL 回路の特性で学習したように立上りが指数関数的になる．

次に Tr が T_{OFF}〔s〕時間オフした場合，電流は減少しようとするが，インダ

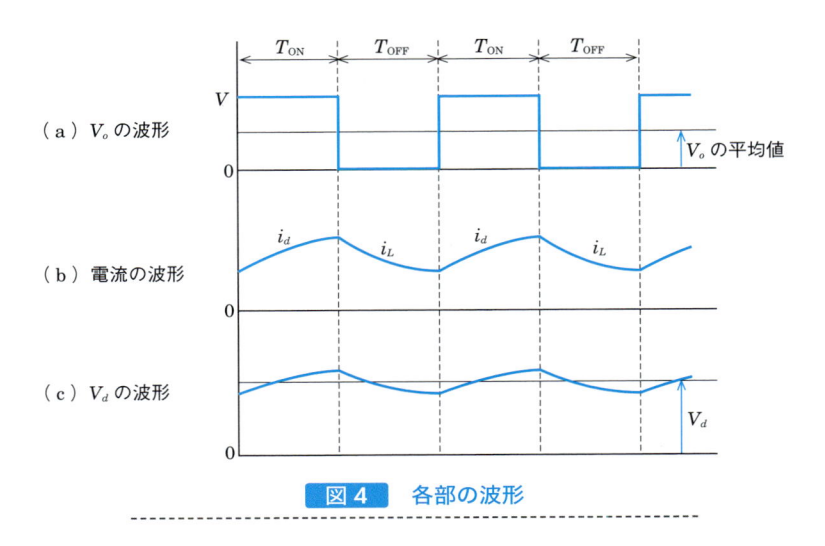

図4 各部の波形

クタンス L には逆起電力が発生し，負荷側へ電流が流れ続けようとする．これがダイオード D を通じて，D → L → 負荷 → D の経路で循環電流 i_L が流れ，負荷電流は図4（b）のような連続した脈流となる．負荷回路の時定数 L/R が，T_{ON}，T_{OFF} よりはるかに大きくなるようにしておけば，電流はほぼ平滑な直流となる．

降圧チョッパ回路の平均出力電圧 V_o は，式（1）で表される．また，負荷電圧 V_d は，図4（c）のような波形となる．

チョッパ回路のチョップする周波数は，トランジスタでは数十 kHz まで上げることができ，サイリスタの数百 Hz に比べてより平滑な直流を得ることができる．

03 昇圧チョッパ回路

図5 は，トランジスタによる昇圧チョッパの基本回路である．この回路の動作を**図6**の各部の波形で説明する．

トランジスタ Tr を T_{ON}〔s〕時間オンすると，直流電源電圧 V → インダクタンス L → Tr の経路で電流 i が流れて，L に電磁エネルギーが蓄積される．

ダイオード D は，このときコンデンサの電荷が Tr を通じて放電するのを防ぐ放電防止用ダイオードである．

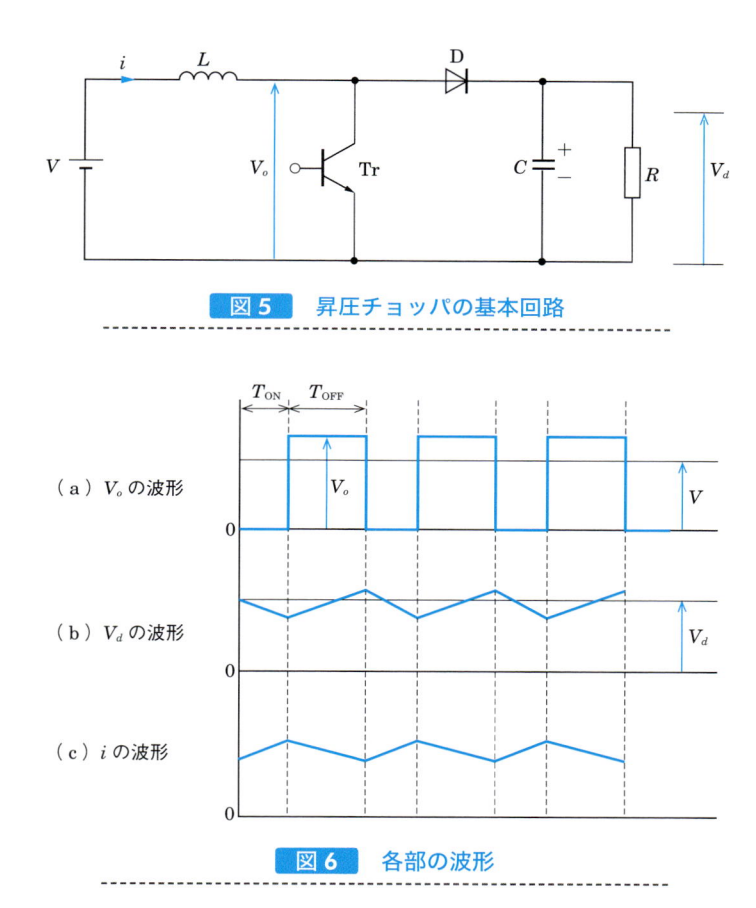

図5 昇圧チョッパの基本回路

図6 各部の波形

次に Tr を T_{OFF}〔s〕時間オフにすると，L に蓄えられた電磁エネルギーが直流電源電圧 V に加算され，ダイオードDを通ってコンデンサ C と負荷 R に流れ，C を充電する．このトランジスタのオンオフによる V_o の波形が図6（a）である．

図6（b）は負荷電圧 V_d の波形である．T_{ON}〔s〕の期間は，それまでの動作で C に蓄えられたエネルギーが負荷に放出され，T_{OFF}〔s〕の期間は，直流電源側から L のエネルギーが加算されたものが負荷に流れる特性となる．

V_d の大きさは，次のように求められる．

T_{ON}〔s〕時に L に蓄えられるエネルギーは，$V \cdot i \cdot T_{\mathrm{ON}}$ で，T_{OFF}〔s〕時に負荷に移るエネルギーは，$(V_d - V)i \cdot T_{\mathrm{OFF}}$ となる．この2つのエネルギーは，エネ

ルギー保存則により等しく，次の式が成り立つ．

$$V \cdot i \cdot T_{ON} = (V_d - V) i \cdot T_{OFF}$$

したがって，V_d は，次のようになる．

$$V_d = \frac{T_{ON} + T_{OFF}}{T_{OFF}} V \tag{2}$$

式 (2) で，$(T_{ON} + T_{OFF})/T_{OFF}$ は 1 より大きいので，負荷電圧 V_d は，電源電圧 V より大きくなり，昇圧する．

04　昇降圧チョッパ回路

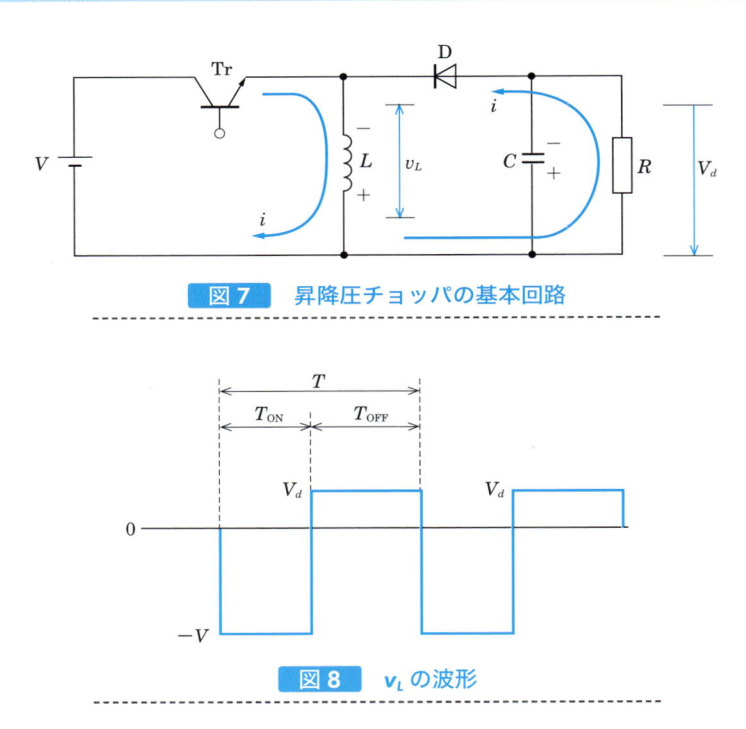

図 7　昇降圧チョッパの基本回路

図 8　v_L の波形

図 7 はトランジスタによる昇降圧チョッパの基本回路，図 8 はこの回路のインダクタンス v_L の波形である．昇降圧チョッパは，Tr のオンオフの期間によって負荷電圧 V_d に入力電圧 V より降圧した値，または昇圧した値の電圧が現れる．

　トランジスタ Tr を T_{ON}〔s〕時間オンすると，電源電圧 V → Tr →インダクタンス L の経路で電流が流れ，昇圧チョッパと同様に L に電磁エネルギーが蓄積される．ダイオード D は，このとき電源と負荷が短絡するのを防ぐためのものである．

　Tr を T_{OFF}〔s〕時間オフにすると，L に蓄えられた電磁エネルギーがコンデンサ C と負荷 R に流れ，C を充電する．昇圧チョッパと異なるのは，負荷電圧 V_d の極性が逆になることと，負荷電圧を任意の値まで変えられることである．

　T_{ON}〔s〕時に L に蓄えられるエネルギーと，T_{OFF}〔s〕時に流れるエネルギーは等しく，以下の式が成り立つ．

$$V \cdot i \cdot T_{ON} = V_d \cdot i \cdot T_{OFF}$$

したがって，V_d は，次のようになる．

$$V_d = \frac{T_{ON}}{T_{OFF}} V$$

$$= \frac{T_{ON}/T}{1 - T_{OFF}/T} V$$

$$= \frac{d}{1-d} V \tag{3}$$

　式(3)で，d は $0 \leqq d < 1.0$ の範囲で変化する．$0 \leqq d < 0.5$ で降圧，$0.5 < d < 1.0$ で昇圧，$d = 0.5$ で $V_d = V$ となる．

問 4

　次の降圧チョッパ回路において，直流電源電圧 $V = 20\,\mathrm{V}$，トランジスタのオンオフの周期が $1\,\mathrm{ms}$ である．トランジスタのオンである時間が $400\,\mu\mathrm{s}$ のとき，降圧チョッパ回路の出力電圧 V_d はいくらか．

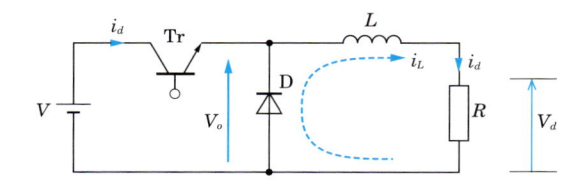

問 5

次の回路において，直流電源電圧 $E = 400\,\text{V}$，平滑リアクトル $L = 1\,\text{mH}$，負荷抵抗 $R = 10\,\Omega$，スイッチ S の動作周波数 $f = 10\,\text{kHz}$，通流率* $d = 0.6$ で回路が定常状態になっている．このときの負荷抵抗に流れる電流の平均値を求めなさい．

＊通流率：半導体スイッチング素子が ON している時間の割合

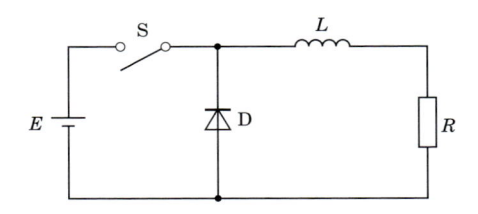

問 6

次の回路において，スイッチ S の通流率を 0.7 とした場合，負荷抵抗 R の電圧 V_d はいくらか．ただし，スイッチ S の動作周期に対して，時定数は十分に大きいとする．

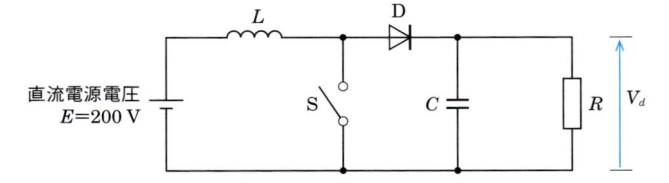

問 7

次の回路において，スイッチ S の通流率を 0.7 とした場合，負荷抵抗 R の電圧 V_d はいくらか．ただし，スイッチ S の動作周期に対して，時定数は十分に大きいとする．

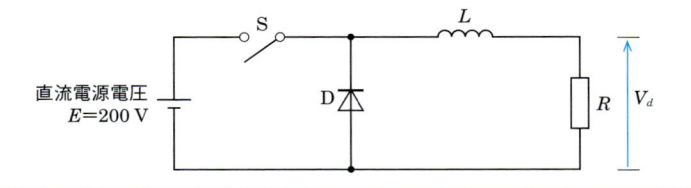

4-06 スイッチングレギュレータの特性

01 スイッチングレギュレータとは

スイッチングレギュレータとは，中間にトランスを用い，直流電圧をいったん交流電圧に変換し，再び希望する直流電圧に変換する DC–DC コンバータをいい，電子回路の電源に用いられている．

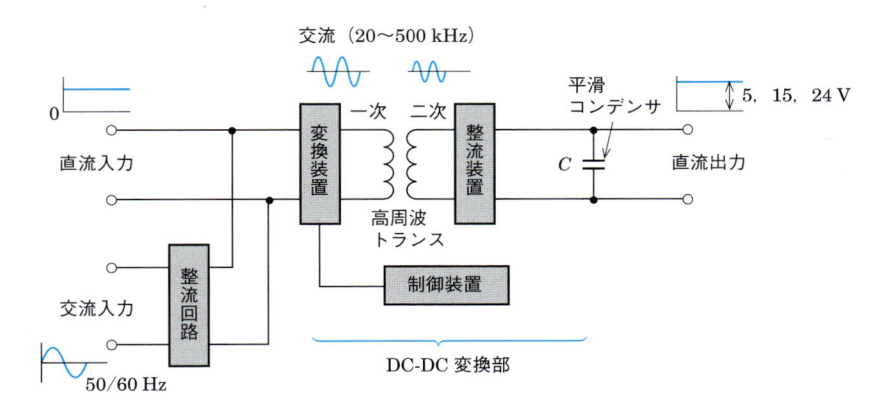

図1 スイッチングレギュレータの構成図

図1は，スイッチングレギュレータの構成図である．構成図の左から，直流の入力をいったん $20 \sim 500\,\mathrm{kHz}$ の交流に変換し，これを高周波トランスによって変圧し，整流装置によって再び平滑な直流出力をつくり，DC–DC 変換を行う．商用周波数の交流入力から直流を得るには，商用周波数の交流を整流装置で直流に整流してから変換を行う．

図2は，スイッチングレギュレータの DC–DC 変換部による種類分けである．以下，これらの基本方式について説明する．

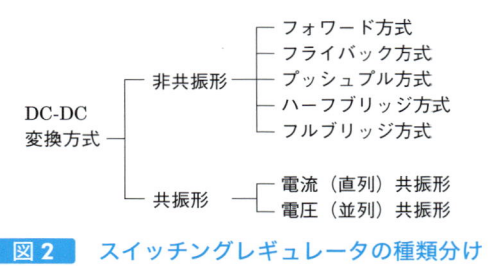

図 2 スイッチングレギュレータの種類分け

02　フォワードコンバータ

　図 3 は，**フォワードコンバータ**の基本回路である．トランスの極性は，一次側と二次側が同極性で接続されている．

　トランジスタ Tr のオンの期間は，トランスの一次巻線に入力電圧が印加され，二次巻線に電圧が誘起する．この電圧は，ダイオード D_1 の順方向電圧となり，電流 i_2 が流れ，インダクタンス L にエネルギーが蓄えられる．

　Tr をオフにすると，一次巻線への電力の供給は停止し，二次側の L に蓄えられたエネルギーが逆起電力としてダイオード D_2 を通して流れる．この回路の動作は，トランスがなければ降圧チョッパと同じである．この方式は，50 W 以上の電源に用いられている．

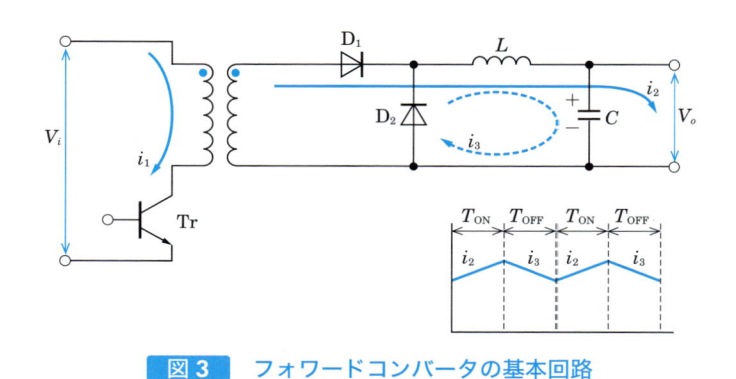

図 3　フォワードコンバータの基本回路

03 フライバックコンバータ

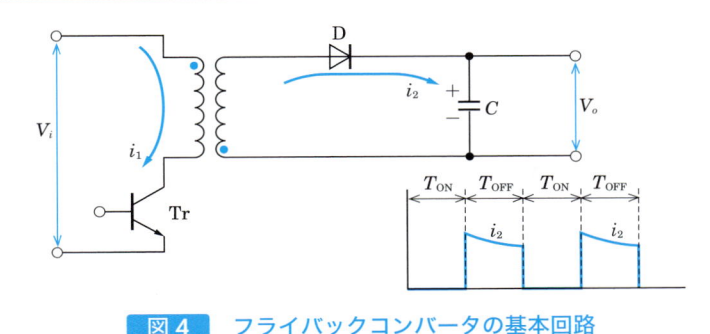

図4　フライバックコンバータの基本回路

　図4は，**フライバックコンバータ**の基本回路である．トランスの極性は，一次側と二次側で逆極性に接続されている．

　トランジスタ Tr がオンしている期間は，トランスの二次巻線が逆極性になっているため，ダイオード D には電流は流れず，一次巻線に供給されたエネルギーはトランスに蓄積される．

　Tr がオフすると，一次巻線への電力の供給は停止し，同時にトランスの巻線に逆起電力が発生し，ダイオード D を介して負荷に電力を放出する．この方式は回路構成が簡単で安価につくることができ，50 W 以下の小型の電源に多く用いられている．

04 プッシュプルコンバータ

　図5は，**プッシュプルコンバータ**の基本回路である．トランスは，中間タップ付きのものを用いる．2個のトランジスタを用い，180° ずつ位相をずらして，交互にオンオフすることで，トランスに交番磁束をつくる．

　Tr_1 がオンのとき，Tr_2 はオフし，一次側に電流 i_1 が流れ，二次側に i_1' がダイオード D_1 を経由して流れる．

　次に Tr_2 をオン，Tr_1 をオフにすると，一次側に電流 i_2 が流れ，二時側に電流 i_2' がダイオード D_2 を経由して流れる．この二次側の2つの電流がダイオード D_1，D_2 により整流されて直流に変換され，二次側にはトランジスタのオンオフ

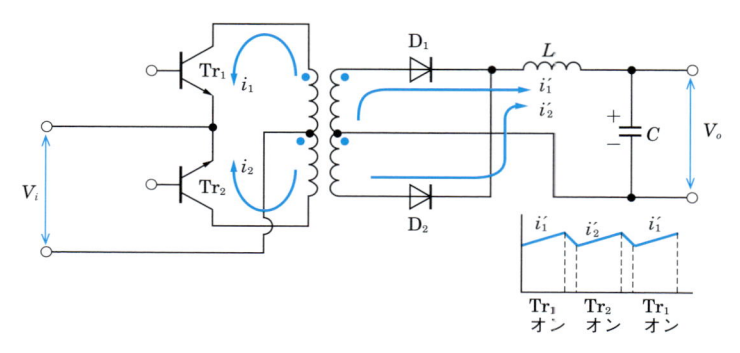

図5 プッシュプルコンバータの基本回路

周期の2倍の周波数の電圧が誘起する．この回路で2個のトランジスタが同時にオンすると，逆極性の磁束が発生してトランスが磁気飽和するため，トランジスタの制御にはそれを防ぐ工夫がされている．この方式は，300 W 程度までの比較的大容量の電源に用いられている．

05　ハーフブリッジコンバータ

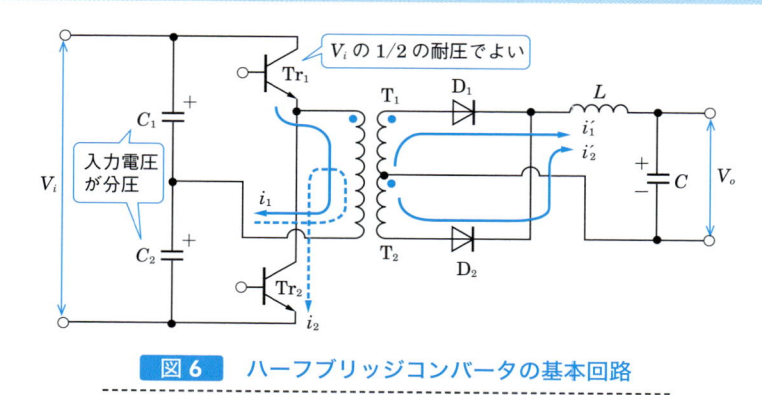

図6 ハーフブリッジコンバータの基本回路

　図6は，**ハーフブリッジコンバータ**の基本回路である．この方式もプッシュプルコンバータと同様に2個のトランジスタを用い，交互に Tr をオンオフする．しかし，トランスの一次巻線は1巻線でよく，その一端が2個のコンデンサの中点に接続されている．したがって，トランスの一次巻線にはコンデンサで分圧

された 1/2 の入力電圧が加わり，プッシュプルコンバータに比べ，Tr の V_{CE} は 1/2，コレクタ電流は 2 倍になる．

Tr$_1$ がオン，Tr$_2$ がオフのとき，一次電流 i_1 が流れ，二次側トランスの T$_1$ から二次電流 i_1' が流れる．トランス T$_2$ にも電圧は誘起するが逆極性となっている．

Tr$_2$ がオン，Tr$_1$ がオフのときは，トランスの各巻線の極性は反転し，i_2' が流れる．出力側の波形は，プッシュプルコンバータと同じであり，この方式は，300 W 程度までの電源に用いられている．

06　フルブリッジコンバータ

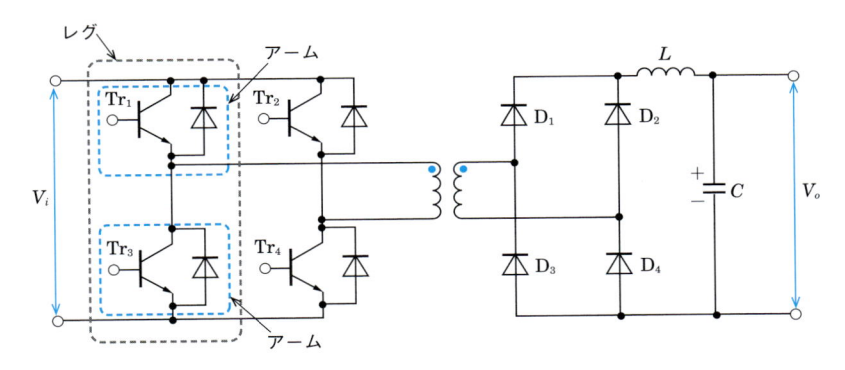

図7　フルブリッジコンバータの基本回路

　図7 は，**フルブリッジコンバータ**の基本回路である．トランスの中間端子は必要とせず，4 個のトランジスタを用いる．Tr$_1$ と Tr$_4$，Tr$_2$ と Tr$_3$ を交互にオンオフして，トランスに交番磁束をつくる．ハーフブリッジに比べ，入力側のコンデンサの代わりにトランジスタを増やし，素子に加わる電圧を 1/2 にしている．出力波形は，ハーフブリッジと同じであり，300 W から数 kW 以上の大容量の電源に用いられている．電力変換回路において，図7 のスイッチング素子（Tr）とダイオードの組は**アーム**と呼ばれる．また，上下 1 組で**レグ**と呼ぶ．

07　共振形コンバータ

　いままで説明してきたスイッチングレギュレータの方式は，直流電源からスイッチングによって方形波電圧を発生し，トランスを介して直流に変換するタイプであった．それに対して**共振形 DC–DC コンバータ**は，電圧または電流波形を*LC*回路によって共振させ，正弦波の零点付近でスイッチングを行うものである．スイッチング電流を共振させるものを**電流共振形**あるいは**直列共振形**，電圧波形を共振させるものを**電圧共振形**あるいは**並列共振形**という．

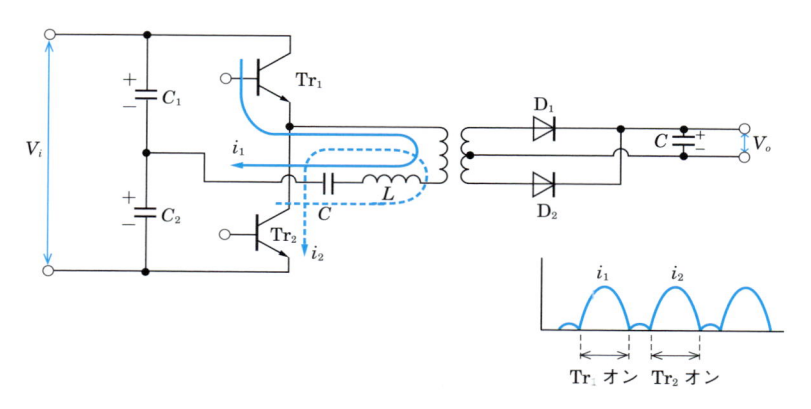

図 8　電流共振形コンバータの基本回路

　図8は，ハーフブリッジ方式を利用した電流共振形コンバータの基本回路である．トランスの一次側に直列にインダクタンス*L*とコンデンサ*C*が接続されている．

　Tr_1 がオンすると，電流 i_1 が *L* と *C* に流れて，$f = 1/(2\pi\sqrt{LC})$ の周波数で共振し，正弦波となり，トランスの一次巻線から二次巻線へ電力を伝達する．Tr_1 がオフし Tr_2 がオンすると，電流 i_2 が i_1 とは逆方向に流れて，二次側では半周期ずつ電力を取り出せる．この方式は，正弦波の電流波形であるので，方形波に比べてスイッチングのノイズが少ない．電流が0付近でトランジスタをオンオフするので，オンオフ時の損失が極めて小さいなどの利点がある．

4-07 インバータ回路の特性

01 インバータとは

整流回路のように交流電力を直流電力に変換する装置を**順変換装置**，または**コンバータ**という．一方，直流電力を交流電力に変換する装置を**逆変換装置**，または**インバータ**という．

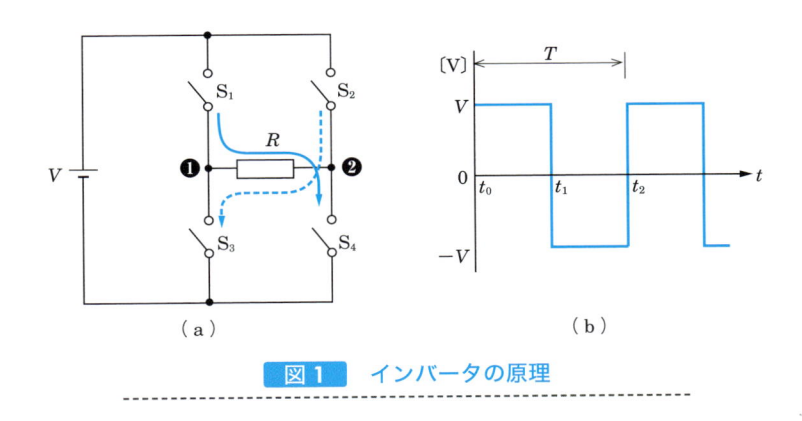

図1 インバータの原理

図1は，インバータの原理である．図1 (a) において，t_0 〔s〕でスイッチ S_1 と S_4 を閉じると，負荷 R には❶が正，❷が負の電源電圧 V が加わり，$S_1 \to R \to S_4$ へと負荷電流が流れる．

次に，t_1 〔s〕で S_1 と S_4 を開くと同時に，S_2 と S_3 を閉じると，R には❷が正，❶が負の電圧 V が加わり，$S_2 \to R \to S_3$ へと逆方向の負荷電流が流れる．

この2つの動作を繰り返すと，図1 (b) のような方形状の交流電圧をつくることができる．t_0 から t_2 までの時間 T 〔s〕が1周期で，T を変えることで，交流出力の周波数を変えることができる．

実際のインバータ回路は，スイッチ S_1 から S_4 の代わりにサイリスタやトランジスタなどの半導体素子を用いている．

02 インバータの分類

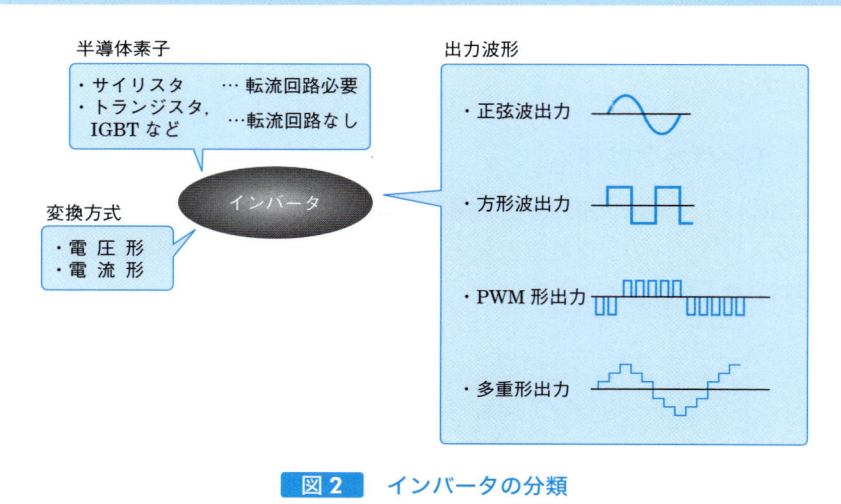

図2 インバータの分類

インバータは，種々のものがあり，回路方式やその性能が多岐にわたっている．図2のように，回路に用いる半導体素子としては，トランジスタやサイリスタなどがあり，数百 kVA のものではトランジスタが多く，中・大容量のものではサイリスタの使用が主流を占めている．スイッチング素子にサイリスタを用いると素子をターンオフするための転流装置が必要となり，トランジスタや IGBT などを用いる場合には必要ない．

電力変換の方法では，電圧源として供給するか，電流源として供給するかで，電圧形と電流形の回路方式がある．

インバータの出力波形では，インバータの原理で説明したような方形波，より正弦波に近い PWM 形（パルス幅制御）出力や幅の異なる波形を重ね合わせる多重形出力などによって回路や制御が複雑になる．

このように多岐にわたるインバータ回路の中で，ここでは，トランジスタを用いた単相電圧形・三相電圧形インバータ回路の特性および三相電流形インバータ回路の特性について説明する．

03 単相電圧形インバータ回路の特性

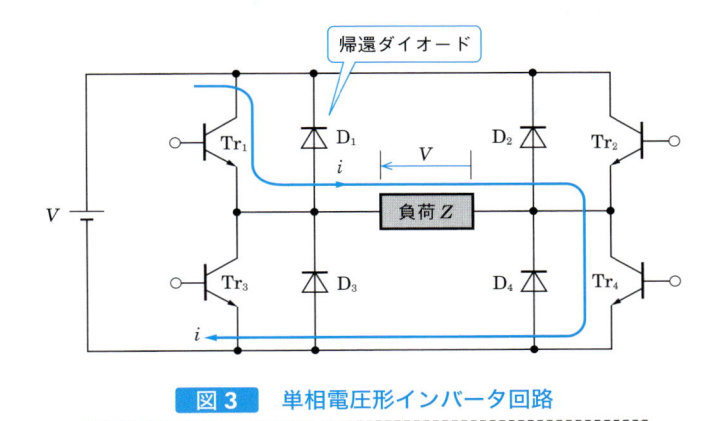

帰還ダイオード

図3 単相電圧形インバータ回路

(a) 電圧形インバータは帰還ダイオードが必要　図3は，トランジスタによる単相電圧形インバータ回路である．前節で説明したインバータの原理図のスイッチSをトランジスタに置き換えたもので，負荷に交流出力電圧が発生する．図で，各トランジスタに逆並列に接続されたダイオードの役割について説明する．

　4つのトランジスタの Tr_1 と Tr_4，Tr_2 と Tr_3 を交互に π〔rad〕ごとに動作させると，**図4**（a）のような負荷電圧になる．このときの負荷電流は，負荷 Z が純抵抗ならば電圧と同じ波形である．しかし，誘導性負荷の場合，出力電流は図4(b)のようにインダクタンスのため応答が遅れて，指数関数的に変化する連続的な波となる（3章2節「RL 回路の過渡特性」参照）．

　図4（a）の電圧波形と図4（b）の電流波形を比べてみる．0 rad のとき，それまで動作していた Tr_2 と Tr_3 がオフし，瞬時に Tr_1 と Tr_4 がオンしようとする．しかし，負荷電流はインダクタンスの影響ですぐに0にはならず，そのまま流れ続け θ〔rad〕までマイナスとなる．

　つまり，0〜θ〔rad〕の期間は電圧はプラス方向に切り換わるが，電流はマイナス方向に流れようとして行き場がなくなり，Tr_1 と Tr_4 はオンできない．これは，Tr_1 と Tr_4，Tr_2 と Tr_3 のトランジスタの動作が逆転する π〜$\pi + \theta$〔rad〕でも生じる．

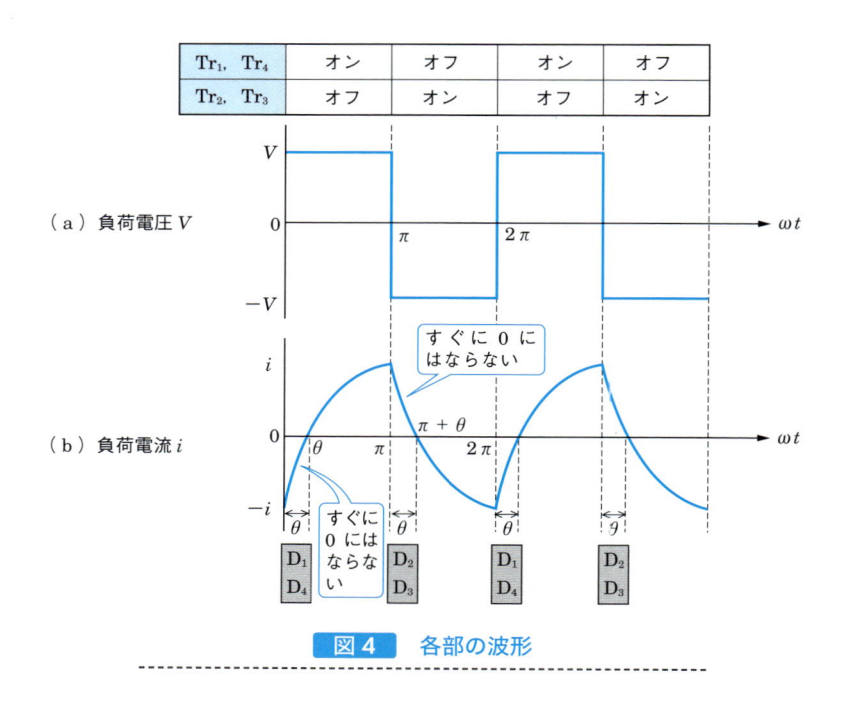

Tr$_1$, Tr$_4$	オン	オフ	オン	オフ
Tr$_2$, Tr$_3$	オフ	オン	オフ	オン

図4 各部の波形

したがって，$0 \sim \theta$，$\pi \sim \pi + \theta$〔rad〕の期間に発生する電圧とは逆方向の電流の通路を設ける必要がある．それが，トランジスタと逆並列に接続されたダイオードである．

$0 \sim \theta$〔rad〕では，マイナス方向の電流はダイオードD$_1$とD$_4$を通って電源に帰還される．D$_1$とD$_4$が導通したとき，負荷の電圧はマイナス方向からプラス方向へ切り換わる．$\pi \sim \pi + \theta$〔rad〕では，プラス方向の電流はダイオードD$_2$とD$_3$を通って電源に帰還され，電圧はプラス方向からマイナス方向へ切り換わる．

このダイオードは，遅れて変化する電流の流れを確保し，電源に帰還させることから**帰還ダイオード**という．

（b）方形波を正弦波に近づける　前節で説明した電圧形インバータ回路の出力電圧は方形波であり，出力電圧の制御とともに方形波を正弦波に近づけるためには，トランジスタの制御が必要になる．

図5の回路において，Tr$_1$を駆動するベースB$_1$をオン状態にしておいて，同

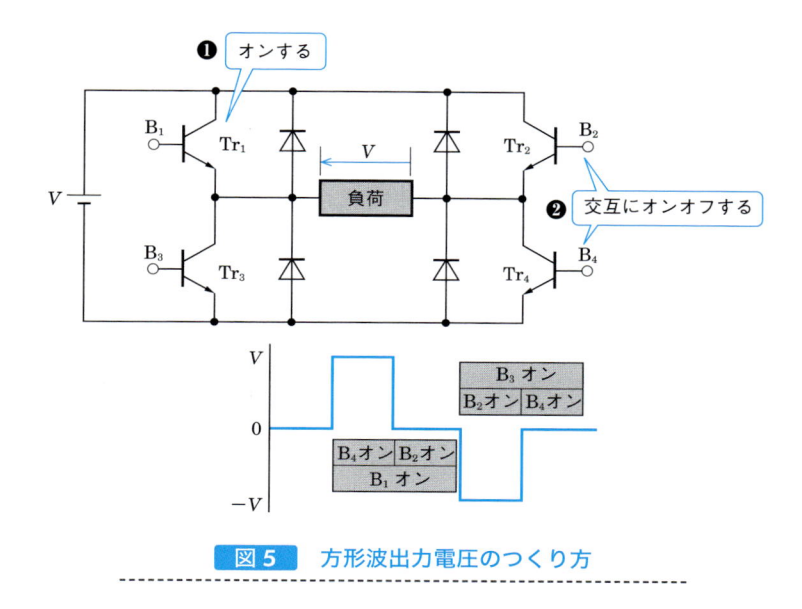

図5　方形波出力電圧のつくり方

じく B_2 と B_4 を交互にオンすれば，B_4 がオンのとき負荷電圧は V 〔V〕，B_2 がオンのときは 0 V になる．逆に B_3 をオン状態にしておいて，B_2 と B_4 を交互にオンすれば，$-V$ 〔V〕 と 0 V の電圧をつくることができる．

　このような B_1，B_3 をオン状態に保って，B_2 と B_4 を切り換えることで，一定周期ごとに方形波出力電圧のパルス幅を変化させることができる．

　図6 は，そのような制御信号のつくり方である．インバータで出力したい電圧の信号波と搬送波である三角波をコンパレータ（比較器）で比較し，信号波が三角波より大きくなる区間で，出力電圧が V 〔V〕 となるようにすると，**図7** のようになる．

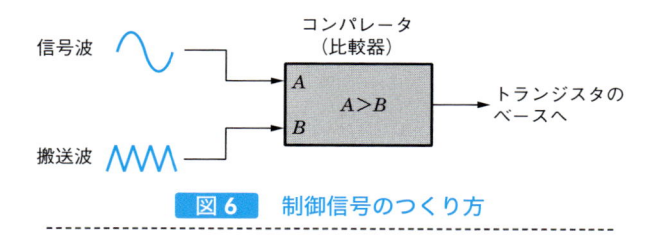

図6　制御信号のつくり方

135

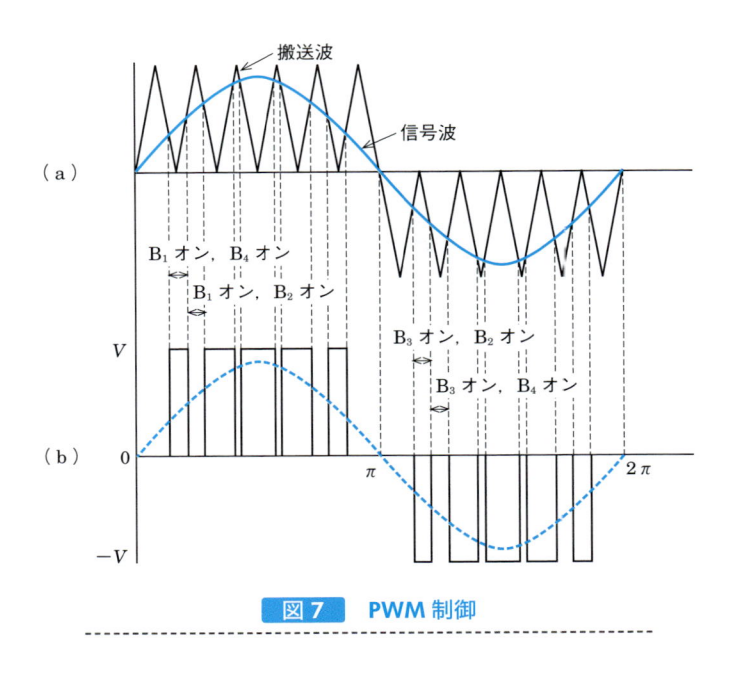

図7 PWM 制御

　図7（a）は，信号波と三角波の比較，図7（b）は，出力される方形波出力電圧である．このようにして得られた図7(b)の出力は，中央部分のパルス幅は広く，両端のパルス幅は狭くなって，平均的出力電圧は点線のように信号波に比例した正弦波になる．

　このように，一定周期ごとに方形波出力電圧のパルス幅を変化させることにより，この周期間の出力電圧平均値を変化させる制御方式を**PWM 制御**（Pulse Width Modulation control）という．

4-08 三相電圧のつくり方

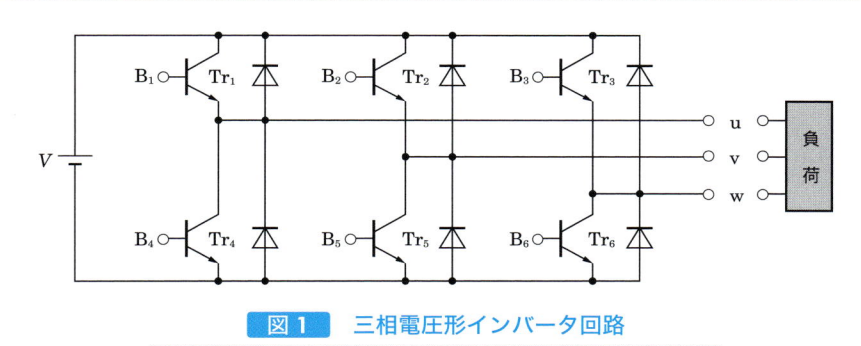

図 1 三相電圧形インバータ回路

図 1 は，トランジスタによる**三相電圧形インバータ回路**である．このインバータは，上下 6 個のトランジスタのスイッチング時間と順序を制御することで三相交流電圧を発生させることができる．各トランジスタに逆並列に接続されているダイオードは帰還ダイオードである．

図 2 (a) に示すような時間と順序で各トランジスタをオンさせる．時刻 t_1 〜 t_2 のモード ❶ では，トランジスタ Tr_1，Tr_3，Tr_5 の各ベース B_1，B_3，B_5 がオン状態にある．

負荷端子 uv 間電圧は，Tr_1 →端子 u →負荷→端子 v → Tr_5 と電流が流れ，電源電圧 V が u 端子をプラスの極として現れる．

負荷端子 vw 間電圧は，Tr_3 →端子 w →負荷→端子 v → Tr_5 と電流が流れ，電源電圧 V が v 端子をマイナスの極として現れる．

負荷端子 wu 間電圧は，w 端子，u 端子とも電源電圧 V のプラス側に接続されているので，短絡されて電圧は現れない．

この電圧の状態を表したのが，図 2 (b) の t_1 〜 t_2 の間である．

次に時刻 t_2 〜 t_3 のモード ❷ では，B_3 をオフにし B_6 をオンにする．すると，

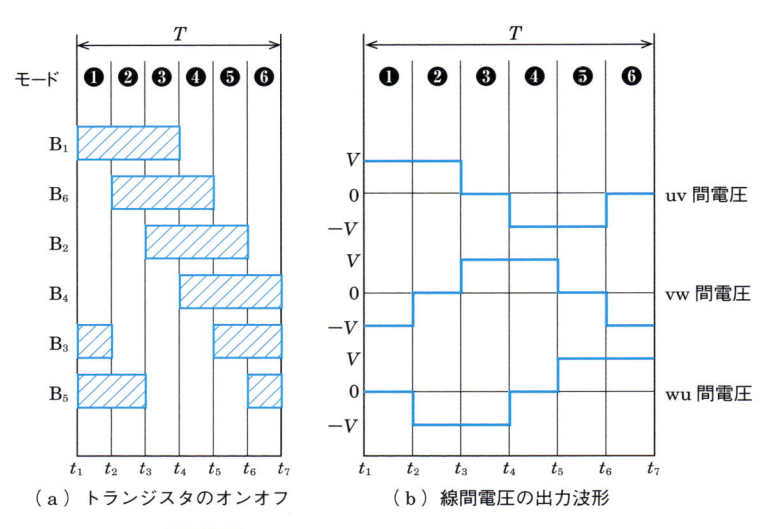

（a）トランジスタのオンオフ　　　（b）線間電圧の出力波形

図2　三相電圧形インバータの出力波形

出力波形は図2（b）の $t_2 \sim t_3$ 間のようになる.

　このように図2（a）のような順序でトランジスタを切り換えると，端子 uv，vw，wu 間の電圧は，図2（b）のようになる.

　この電圧は，正負の極性をもち，6つのモードで一周期の波となる．そして，各線間電圧は 120° の位相差をもった三相交流となる.

　周波数は，トランジスタを切り換える各モード時間を変えることによって変化させることができる.

　また，前節で説明した PWM 制御を用いて，出力電圧のパルス数，パルス間隔，パルス幅などを制御して，等価的に正弦波交流をつくり出すことができる.

　4章6節「スイッチングレギュレータの特性」において，アームとレグについて説明した．このアームとレグという用語を用いると，図1の三相電圧形インバータ回路は，6アーム（3レグ）で構成されていることになる.

02　三相電流形インバータ回路の特性

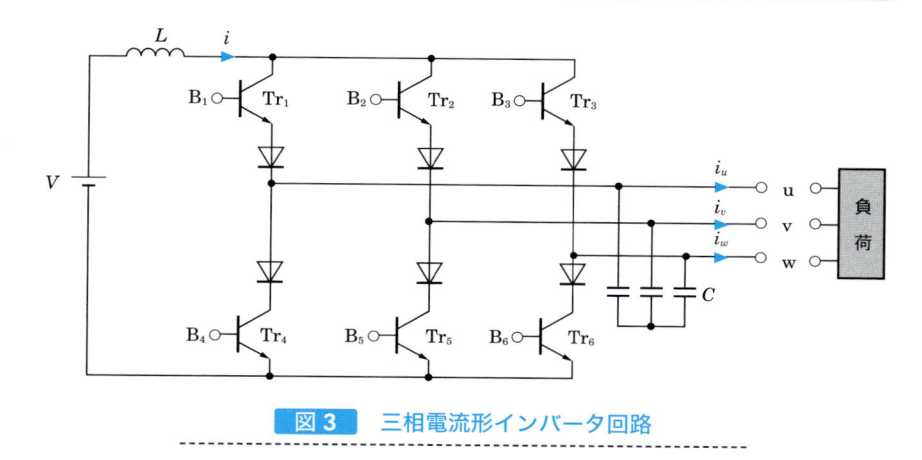

図3　三相電流形インバータ回路

　図3は，トランジスタによる**三相電流形インバータ回路**である．このインバータは，上下6個のトランジスタで構成されるが，スイッチングの仕方は電圧形とは異なる．

　また，各トランジスタは一方向のみに電流を流すので帰還ダイオードは必要ないが，逆阻止用にダイオードが直列に接続されている．

　各相の電流がトランジスタによって切り換わる場合，電流0の相に急に電流源を接続することになるので，過渡時の電流経路として相間にコンデンサを必要とする．

　直流電源側には，スイッチングによる直流電流の脈動を少なくするために，リアクトル L が直列に接続されている．

　電流形インバータは，負荷側から見たときに電流源となっており，出力電流が方形波となることが大きな特徴である．

　電流形インバータ回路は，上のトランジスタ Tr_1, Tr_2, Tr_3 のうち1個，下の Tr_4, Tr_5, Tr_6 のうち1個に，1周期の1/3ずつ電流が振り分けられる．

　図4 (a) は，各トランジスタを動作させる順序である．時刻 $t_1 \sim t_2$ のモード❶では，トランジスタ Tr_1, Tr_5 の各ベース B_1, B_5 がオン状態にある．

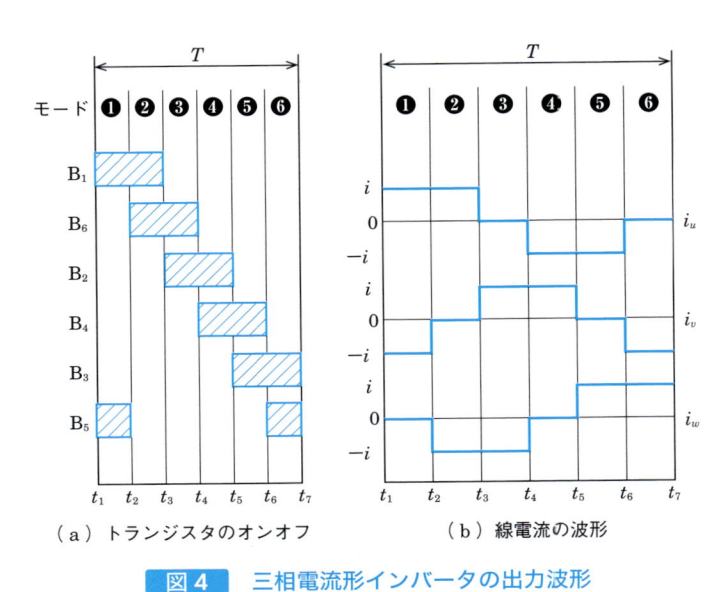

（a）トランジスタのオンオフ　　　（b）線電流の波形

図4　三相電流形インバータの出力波形

　負荷電流 i は，$Tr_1 \rightarrow$ 端子 u $\rightarrow$ 負荷 $\rightarrow$ 端子 v $\rightarrow Tr_5$ と流れ，端子 u はプラス，端子 v はマイナスの電流となり，端子 w には電流は流れない．

　次に時刻 $t_2 \sim t_3$ のモード❷では，B_5 をオフにし B_6 をオンにする．すると，負荷電流 i は，$Tr_1 \rightarrow$ 端子 u $\rightarrow$ 負荷 $\rightarrow$ 端子 w $\rightarrow Tr_6$ と流れ，端子 u がプラスの電流，端子 w はマイナスの電流となり，端子 v には電流は流れない．

　このように図4（a）のような順序でトランジスタを切り換えると，端子 u, v, w の出力電流は，図4（b）のようになる．

　この電流は，正負の極をもち，6つのモードで1周期の波となる．そして，各電流は120°の位相差をもった三相交流である．この出力電流は，電圧形の場合と同様に，PWM 制御によって，等価的に正弦波交流にすることができる．

4-09 サイクロコンバータ回路の特性

01 サイクロコンバータとは

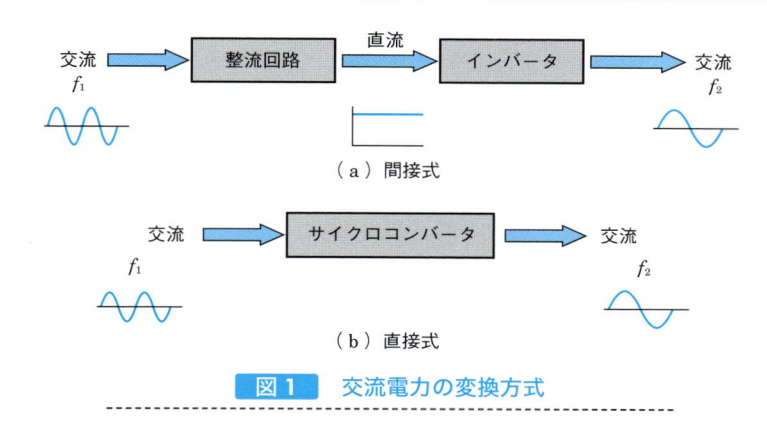

（a）間接式

（b）直接式

図1 交流電力の変換方式

　交流電力を電圧や周波数の異なる交流電力に変換する方式として，間接式と直接式がある．

　この場合，いままで学習した内容から**図1**（a）のように，f_1という周波数の交流電力を整流回路を用いていったん直流電力に変換し，それをインバータによってf_2という周波数の交流電力に変換する方式が間接式である．

　しかし，図1（b）のように，交流から直流を経由することなく，交流から直接任意の周波数の交流へ変換する方式を直接式といい，この装置がサイクロコンバータである．

02 サイクロコンバータ回路の原理

　図2（a）は，**サイクロコンバータ**の原理である．サイクロコンバータは，交流波形を直接組み合わせて別の交流に変換するもので，図は2つの整流回路A，Bを逆並列に接続してある．

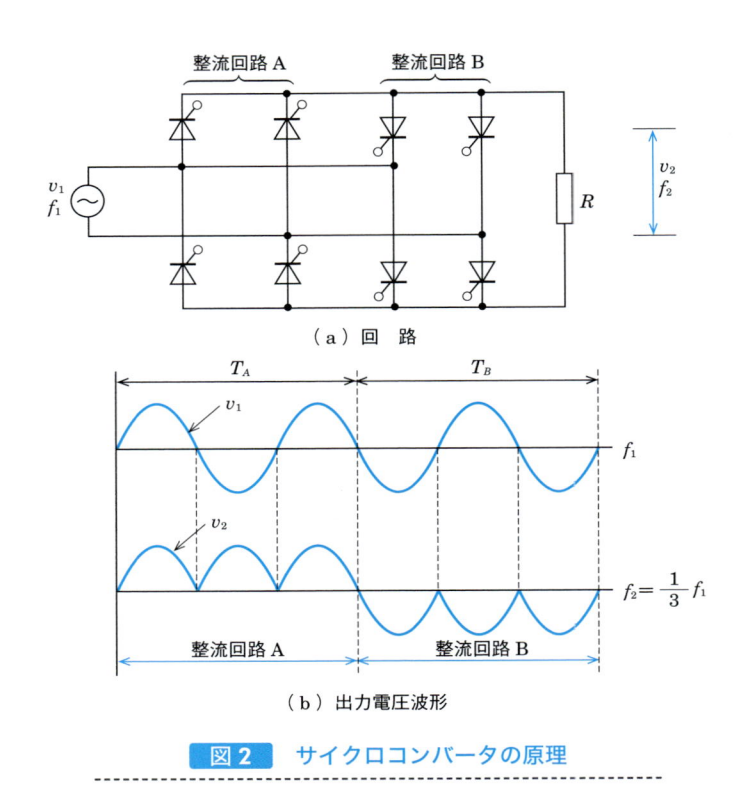

（a）回　路

（b）出力電圧波形

図2　サイクロコンバータの原理

　この回路の電源に図2（b）の v_1 の波形を入力し，T_A の時刻では整流回路A，T_B の時刻では整流回路Bが動作するようにサイリスタを制御する．この整流回路は，全波整流回路であるから v_2 のような出力電圧が得られる．

　この v_2 は，正負の繰返しが v_1 の1/3，すなわち周波数が1/3の交流波形となる．

　このように，サイクロコンバータは，直流を介さないで直接ほかの周波数の交流に変換するもので，回路を構成する素子数が多くなり，その素子の制御が複雑になる．また，変換する出力の周波数は，電源周波数よりも低くなる．

03　サイクロコンバータ回路の特性

　図3は，三相–単相全波形サイクロコンバータ回路である．三相全波整流回路を2つ逆並列に接続してある．

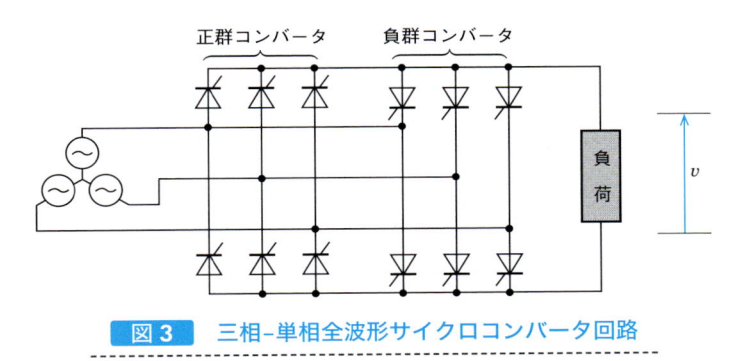

正群コンバータ　　負群コンバータ

負荷

v

図3　**三相–単相全波形サイクロコンバータ回路**

　サイリスタによる三相全波整流回路については，本章4節 **02** で説明したが，その特徴にサイリスタ素子の制御角 α が関連していた．制御角 α が，$\pi/2$〔rad〕より小さい場合はプラスの電圧に変換され，$\pi/2$〔rad〕で0，$\pi/2$〔rad〕以上でマイナス（逆変換）となり，α によって出力電圧を制御できる．具体的には，サイクロコンバータの交流出力電圧を $V_m \cos \omega t$ とすれば，これを4節の式 (3)（116ページ）に代入して，α は次のように制御すればよい．

$$\alpha = \cos^{-1} \left(\frac{V_m}{1.35\,V_{ab}} \cos \omega t \right)$$

　三相全波整流回路は電流が一方向にしか流れないため，出力電流の極性に応じて正群と負群のコンバータを使い分ける必要があり，**図4**は，出力波形例である．また，図3の回路を3組用いると，三相–三相サイクロコンバータ回路を構成できる．

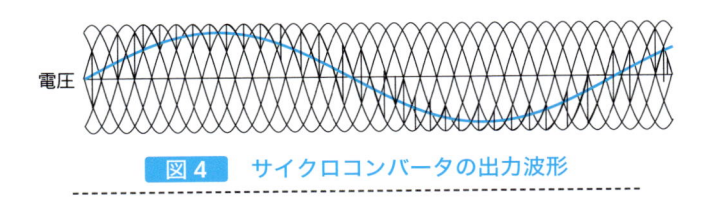

電圧

図4　**サイクロコンバータの出力波形**

4-10 マトリックスコンバータ

01 マトリックスコンバータとは

マトリックスコンバータは，サイクロコンバータと同様に交流から直接任意の周波数の交流へ変換する装置である．変換する出力の周波数は，サイクロコンバータとは違い，電源周波数よりも大きくすることができる．

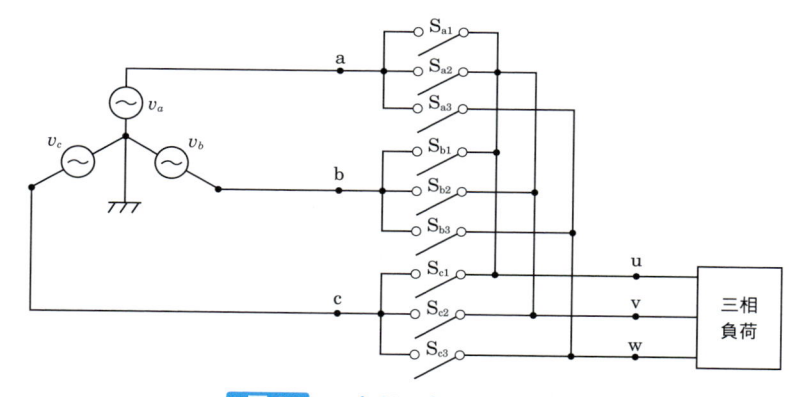

図1 マトリックスコンバータ

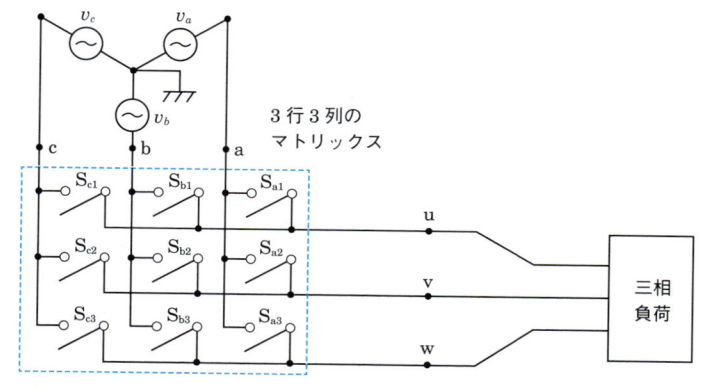

図2 マトリックスコンバータ（3行3列のスイッチ配置）

　マトリックスコンバータは，**図1**に示すような9個のスイッチのオンとオフの動作によって交流–交流変換をする．この回路がマトリックスコンバータと呼ばれるのは，**図2**のように，回路図を書き換えると3行3列のマトリックス（行列）のようになるからである．

02　マトリックスコンバータの基本原理

　マトリックスコンバータは，図1に示す9個の双方向スイッチをPWM制御して，三相交流電源から任意の周波数の三相交流電圧に変換する．

　たとえば，u相の電位 V_u を作る場合，次のようになる．

　スイッチ S_{a1} をオンで，$V_u = V_a$

　スイッチ S_{b1} をオンで，$V_u = V_b$

　スイッチ S_{c1} をオンで，$V_u = V_c$

　ここで，スイッチのオン時間を調節して，V_a, V_b, V_c の電位をその時間幅だけパルスとして出力することでPWM制御する．同様に，V相，W相の電位 V_v, V_w も V_a, V_b, V_c の電位を用いてパルスとして出力することができる．

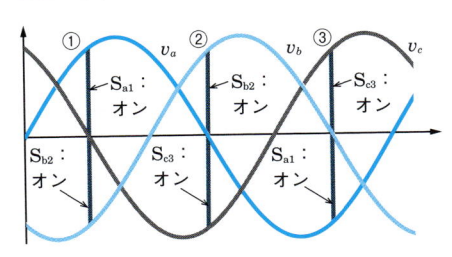

図3　線間電圧の作り方

　図3のような三相交流電源から，線間電圧 V_{uv}, V_{vw}, V_{wu} のパルス電圧を作る場合の例は，次のようになる．

$$V_{uv} = V_a - V_b \qquad S_{a1}：オン，S_{b2}：オン \qquad ①$$
$$V_{vw} = V_b - V_c \qquad S_{b2}：オン，S_{c3}：オン \qquad ②$$
$$V_{wu} = V_c - V_a \qquad S_{c3}：オン，S_{a1}：オン \qquad ③$$

　また，例えばa相の S_{a1}, S_{a2}, S_{a3} の3個だけを同時にオンすると，電源を短絡せずに線間電圧を0Vにすることができる．

このように，9個のスイッチを適切なオンとオフで高速にスイッチングすることで，u相，v相，w相にパルス電圧を出力することができる．ただし，以下の条件は必要である．

(1) 電源を短絡してはいけない．

(2) 負荷回路を開放してはいけない．

03　双方向スイッチの構成

マトリックスコンバータに使われる素子は，次の条件が必要である．

(1) 高速なスイッチングが可能であること

(2) 双方向に電流が流せること

図4 (a) は，スイッチング速度が速い IGBT に直接逆バイアスがかからないように，ダイオードを並列に接続した例である．IGBT に耐圧がある逆阻止 IGBT

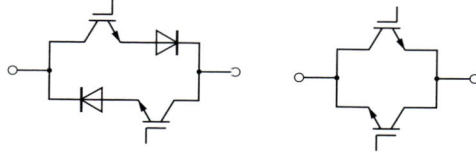

（a）IGBT とダイオードの場合　（b）RB-IGBT の場合

図4　双方向スイッチの構成例

（RB–IGBT）を用いる場合は，図 (b) のようになる．この場合，ダイオードの導通損失がないので，電力損失が少ないという利点がある．

04　マトリックスコンバータの構成

マトリックスコンバータは，**図5**のように，9個の双方向スイッチと LC フィルタで構成される．LC フィルタは，双方向スイッチのオンとオフの動作によって生じる高周波電流が三相交流電源側に流出するのを抑制するために用いられる．

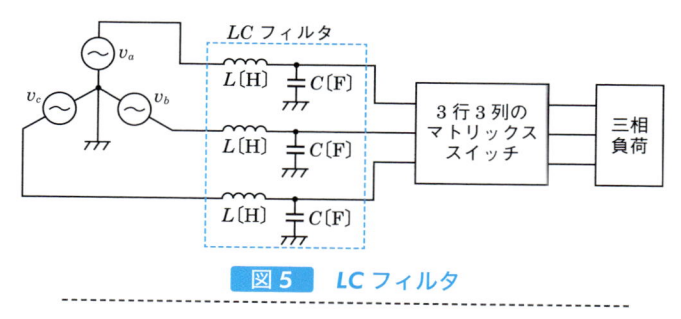

図5　*LC* フィルタ

4 章のまとめ

01 単相半波整流回路

取り出せる直流電圧の平均値は，次のようになる．
$$V_d = 0.225\ V(1 + \cos \alpha)$$

02 単相全波整流回路

取り出せる直流電圧の平均値は，次のようになる．
$$V_d = 0.45\ V(1 + \cos \alpha) \qquad （抵抗負荷の場合）$$
$$V_d = 0.9 \cos \alpha \qquad （L を含む場合）$$

03 三相半波整流回路

取り出せる直流電圧の平均値は，次のようになる．

$$V_d = 1.17\ V \cos \alpha \qquad \left(0 \leqq \alpha \leqq \frac{\pi}{6}\right)$$

$$V_d = 0.675\ V\left\{1 + \cos\left(\alpha + \frac{\pi}{6}\right)\right\} \qquad \left(\frac{\pi}{6} < \alpha \leqq \frac{5\pi}{6}\right)$$

04 三相全波整流回路

取り出せる直流電圧の平均値は，次のようになる．

$$V_d = 1.35\ V_{ab} \cos \alpha \qquad \left(0 \leqq \alpha \leqq \frac{\pi}{3}\right)$$

$$V_d = 1.35\ V_{ab}\left\{1 + \cos\left(\alpha + \frac{\pi}{3}\right)\right\} \qquad \left(\frac{\pi}{3} < \alpha \leqq \frac{2\pi}{3}\right)$$

以上の 01 ～ 04 は AC → DC 変換回路である．

05 チョッパ回路（DC → DC 変換）

直流電源を切り刻んで，ほかの大きさの直流電圧に変換する回路をいう．
降圧，昇圧，昇降圧チョッパ回路がある．

06 スイッチングレギュレータ（DC → DC 変換）

中間にトランスを用いて，直流電圧をいったん交流電圧に変換し，再び希望する直流電圧にする回路をいう．

07 インバータ（DC → AC 変換）

直流電力を交流電力に変換する装置をいう．インバータの変換方式には電圧形と電流形がある．インバータの PWM 制御は，平均出力波形を正弦波に近づける働きをする．

08 サイクロコンバータ回路（AC → AC 変換）

交流から直流を経由することなく，直接ほかの周波数の交流へ変換する装置をいう．変換する出力の周波数は，電源周波数より低くなる．

09 マトリックスコンバータ（AC → AC 変換）

交流から直流を経由することなく，直接ほかの交流へ変換する装置をいう．変換する出力の周波数は，電源の周波数より大きくすることができる．

問 **8**

(a) 図1において，サイリスタ $T_1 \sim T_4$ に制御遅れ角 $\alpha = \pi/2$ 〔rad〕でゲート信号を与えて運転しようとしている．T_2 および T_3 のゲート信号は正しく与えられたが，T_1 および T_4 のゲート信号が全く与えられなかった場合の出力電圧波形を e_{d1} として，正しく $T_1 \sim T_4$ にゲート信号が与えられた場合の出力電圧波形を e_{d2} とする．図2の波形1～波形3のうちから，e_{d1} と e_{d2} の組合せとして正しいものを次の (1)～(5) のうちから一つ選びなさい．

	電圧波形 e_{d1}	電圧波形 e_{d2}
(1)	波形1	波形2
(2)	波形3	波形1
(3)	波形2	波形3
(4)	波形3	波形1
(5)	波形3	波形2

図1

図2

(b) 単相交流電源電圧 v の実効値を V〔V〕とする．ゲート信号が正しく与えられていた場合の出力電圧波形 e_{d2} について，制御遅れ角 α〔rad〕と出力電圧の平均値 E_d〔V〕との関係を表す式として，正しいものに最も近いものを次の (1)～(5) のうちから一つ選びなさい．

(1) $E_d = 0.45\,V\,\dfrac{1+\cos\alpha}{2}$ (2) $E_d = 0.9\,V\,\dfrac{1+\cos\alpha}{2}$

(3) $E_d = V\,\dfrac{1+\cos\alpha}{2}$ (4) $E_d = 0.45\,V\cos\alpha$

(5) $E_d = 0.9\,V\cos\alpha$

問9

　図1は，交流電源と抵抗負荷との間にサイリスタ S_1，S_2 で構成された単相双方向スイッチを挿入した回路を示す．図示する電圧の方向を正とし，サイリスタの両端にかかる電圧 v が図2（下）であった．サイリスタ S_1，S_2 の運転として，このような波形となりえるものを次の (1)～(5) の中から一つ選びなさい．

(1) S_1，S_2 とも制御遅れ角 α で運転

(2) S_1 は制御角遅れ α，S_2 は制御遅れ角 0 で運転

(3) S_1 は制御遅れ角 α，S_2 はサイリスタをトリガ（点弧）しないで運転

(4) S_1 は制御遅れ角 0，S_2 は制御遅れ角 α で運転

(5) S_1 はサイリスタをトリガ（点弧）しないで，S_2 は制御遅れ角 α で運転

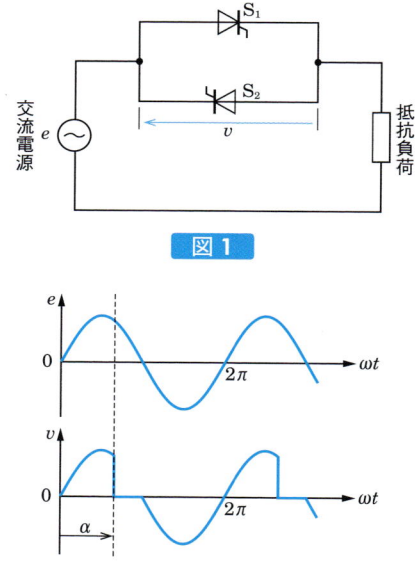

図1

図2　（上）交流電源電圧波形

（下）サイリスタ S_1，S_2 の両端電圧 **v** の波形

5章

パワーエレクトロニクス の活躍場所

　1章では，我々の周りのパワーエレクトロニクスについて簡単に説明した．

　この章では，いままで学習したことのまとめとして，電力系統，照明分野，モータ制御，家電製品，電源関係でのパワーエレクトロニクスの活躍について，具体的な方法や回路構成を加えて説明する．

電力系統での活躍

01 送電系統の周波数変換

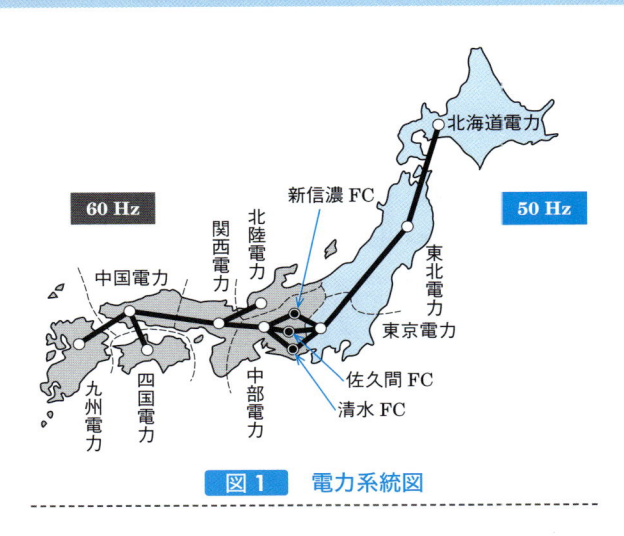

図1 電力系統図

　我が国の交流電圧の周波数は，富士川以東の 50 Hz 地域と，それ以西の 60 Hz 地域の 2 つに分かれている．この 2 つの周波数間で電力融通を行うためにつくられたのが佐久間周波数変換所，新信濃周波数変換所，東清水周波数変換所である（図 1 参照）．

　これらの変換所では，50 Hz の電力を 60 Hz に，60 Hz の電力を 50 Hz に変換しており，順変換装置（コンバータ），逆変換装置（インバータ）が活躍している．

　図 2 は，周波数変換のしくみである．50 Hz 側から 60 Hz 側へ電力を送る場合，50 Hz の交流電圧は，まず 50 Hz 側の変換用変圧器によって交流を直流に変えやすいように降圧される．そして，制御装置からの電気信号に基づきサイリスタを直並列に接続したサイリスタバルブと直流リアクトルによって，なめらかな直流電力に変換される．

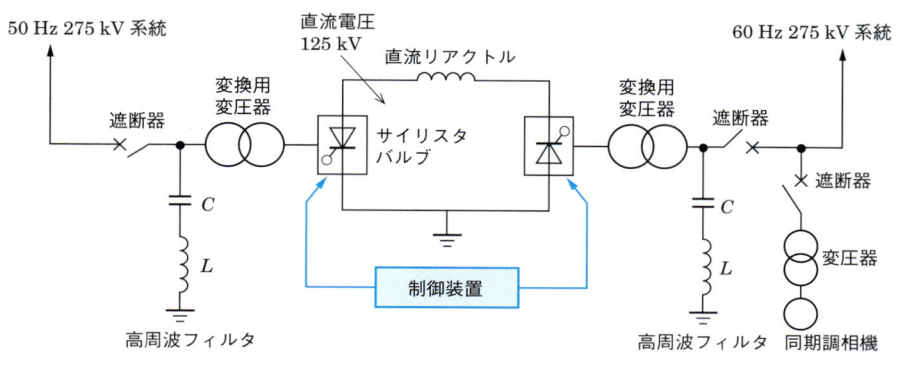

図2 周波数変換のしくみ

図3 サイリスタバルブ

　直流に変換された電力は，60 Hz 側のサイリスタバルブによって 60 Hz の交流に逆変換され，変換用変圧器を通して昇圧し 60 Hz 側へ交流電力を送り出す．60 Hz 側から 50 Hz 側へ電力を送る場合も同じしくみで変換を行う．

　変換用変圧器のあとには，高調波を吸収するためのフィルタが設置されている．また，同期調相機は，変換による無効電力の補償を行い，電圧を維持している．

　図3は，新信濃周波数変換所で使われているサイリスタバルブの外観で，定格125 kV，2 400 A のものである．

02 直流送電

直流送電は，直流で電力を送るもので，交流送電に比べて無効電力がない．そのため長距離・大容量の送電に適するとともに，電圧降下・電力損失および電圧変動率が小さいなどの利点がある．しかし，交直変換器などの設備費が高いなどの問題があり，長距離送電でないと経済的メリットがないといわれている．

我が国では，**図4**のように，北海道・本州間の電力連系に，絶縁が容易で長距離大容量送電に適している海底ケーブルと架空線による直流送電連系が採用されている．

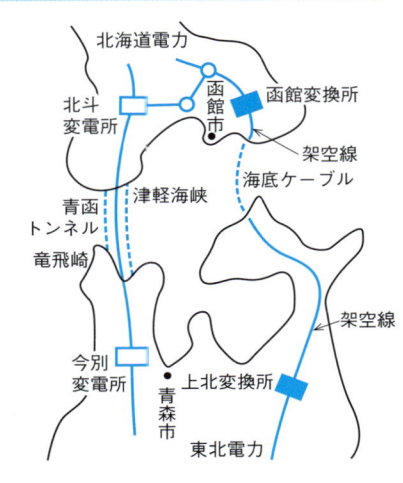

図4 北海道・本州送電連系

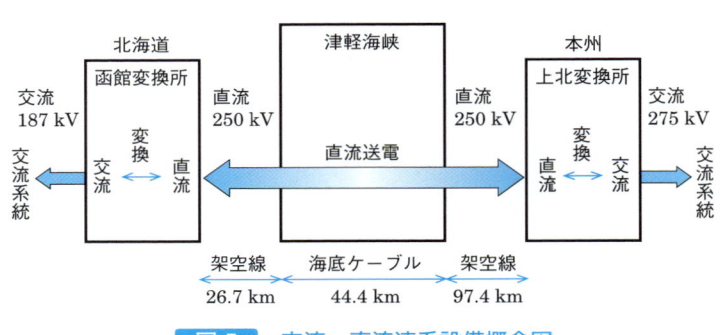

図5 交流・直流連系設備概念図

図5は，交流直流連系設備の概念図である．海底ケーブル44.4 km と架空線約124 km を 250 kV の直流で送電を行う．本州の上北変換所と北海道の函館変換所で，おのおのの交直変換器を用いて変換を行っている．

直流送電は，四国（阿南変電所）・本州（紀北変電所）間でも採用されている．

03　太陽光発電

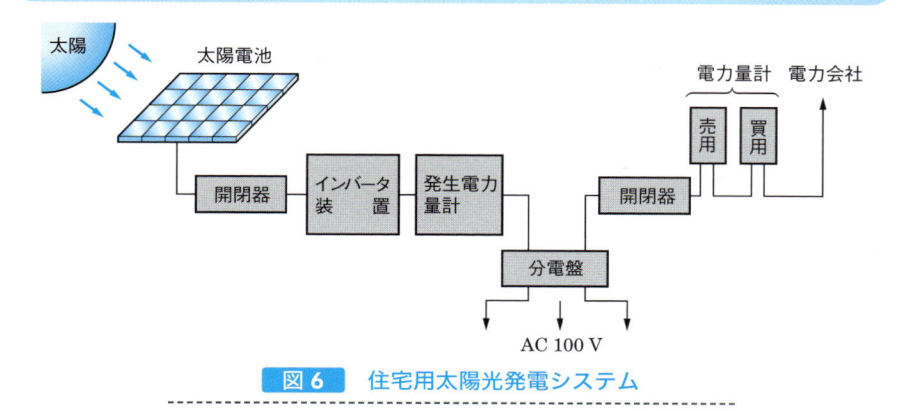

図 6　住宅用太陽光発電システム

　クリーンエネルギーである太陽電池で，家庭に電気を供給するのが住宅用太陽光発電である．ここで活躍しているのはインバータで，**図 6** のように，太陽電池で発電した電力が余れば，電力会社へ売り，不足すれば買うようなシステムになっている．1 つの太陽電池の電圧は，約 0.5 V 程度であるので，それをいくつも直列につないで，**図 7** のような，昇圧チョッパとインバータの回路によってAC 100 V をつくり出している．

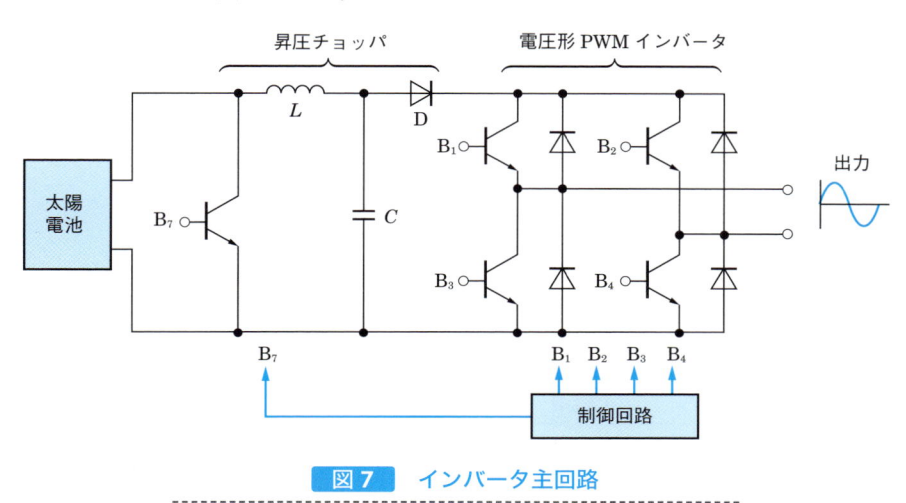

図 7　インバータ主回路

01　蛍光ランプのインバータ制御

（a）蛍光ランプ　　放電現象を利用した光源で，ランプを点灯させたり，点灯を持続させるためには安定器が必要である．従来，安定器は鉄心に銅線のコイルを巻いた磁気回路式のものを商用周波数で使用していた．この安定器に電子部品によるインバータ回路を用いて，電源の周波数を数十 kHz の高周波数に変換して蛍光ランプを点灯するものがインバータ式である．この方式は，ランプそのものの発光効率を改善し，調光がしやすく，安定器の損出が少ないという特徴がある．

（b）　インバータ照明　　安定器にインバータを用いた方式は，**図1** のような構成になる．商用周波数の電源を整流回路で直流にし，インバータ回路でつくられた数十〜 100 kHz 程度の高周波で点灯させる．この方式は従来形と比べて，ランプを高周波で点灯させるため，ランプのちらつきがなく，発光効率を向上させ，点灯までの待ち時間が短い，50/60 Hz 地域の共用化などの利点がある．

　図2 は，実際の回路例である．回路の L と C_2 は，LC 共振をさせるためのものである．

　蛍光ランプの効率は 10 kHz 以上であればどの周波数でも同程度であり，可聴周波数領域（〜 20 kHz）とリモコン周波数帯域を避けて，また，スイッチング

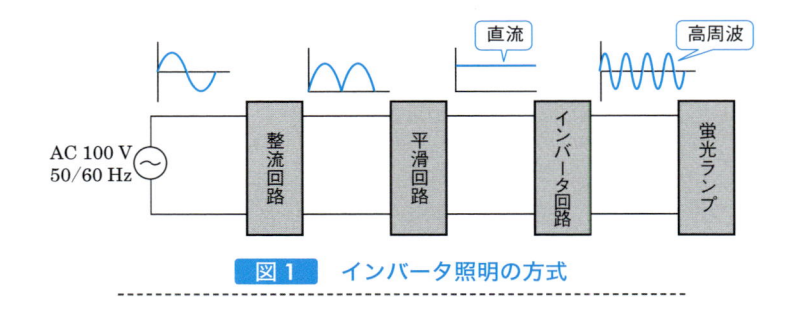

図1　インバータ照明の方式

損失を考え，$40 \sim 70$ kHz 程度の周波数が使われている．その共振周波数になるように L と C_2 を選び，その周波数で Tr_1 と Tr_2 を交互にオンオフさせると，共振周波数での正弦波に近い電流が流れる．

2つのコンデンサには，$C_1 \gg C_2$ の関係があり，C_1 は充電用で，LC 共振には，C_2 が影響する．

ランプ点灯時には，**図3** のような等価回路になり，LC 共振回路になっているため C_2 の両端の電圧は自動的に高圧になり，放電を開始する．各部の波形は，**図4** のようになる．

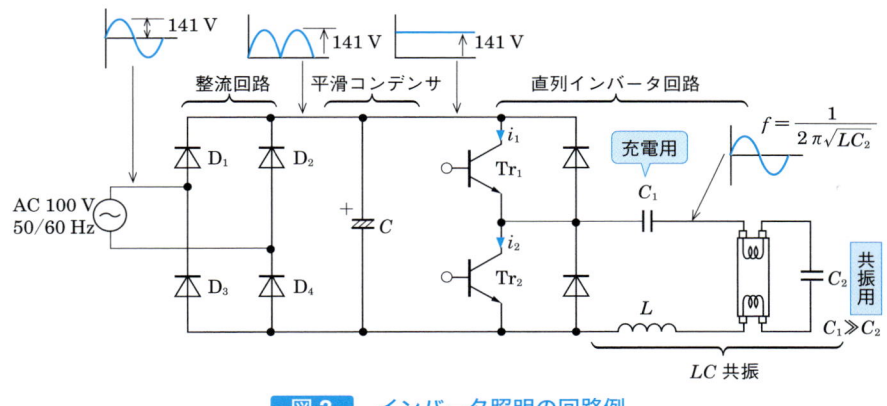

図2　インバータ照明の回路例

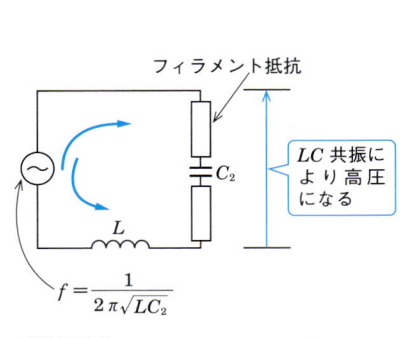

図3　ランプ点灯時の等価回路

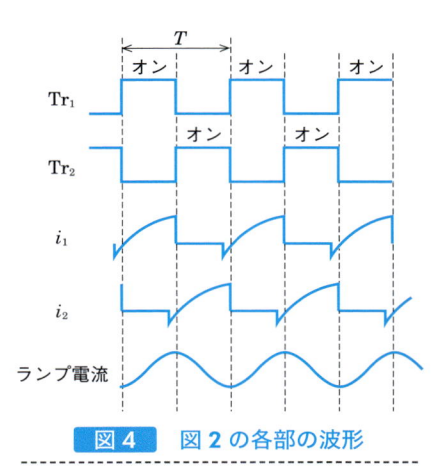

図4　図2の各部の波形

02 トライアックによる **LED** 照明器具の調光

（a）LED の点灯方式　　LED は直流電流によって発光するため，LED の点灯には整流回路が必要である．**図5** は，LED の点灯方式の例を表したものである．図（a）はブリッジダイオードによる整流回路で全波整流したもので，LED の発光がチラつくことがある．図（b）は図（a）の整流回路にコンデンサにより平滑化したもので，LED のチラつきが防止できる．LED 照明器具は，整流回路の性能によってちらつきが生じ，また，調光などの高品位な照明環境を得るにはパワーエレクトロニクスの技術が重要になる．

　ここでは，**図6** に示すように，交流電源の位相をトライアックで制御して位相を変え，その波形を整流回路で直流に変換して調光する位相制御方式について説明する．

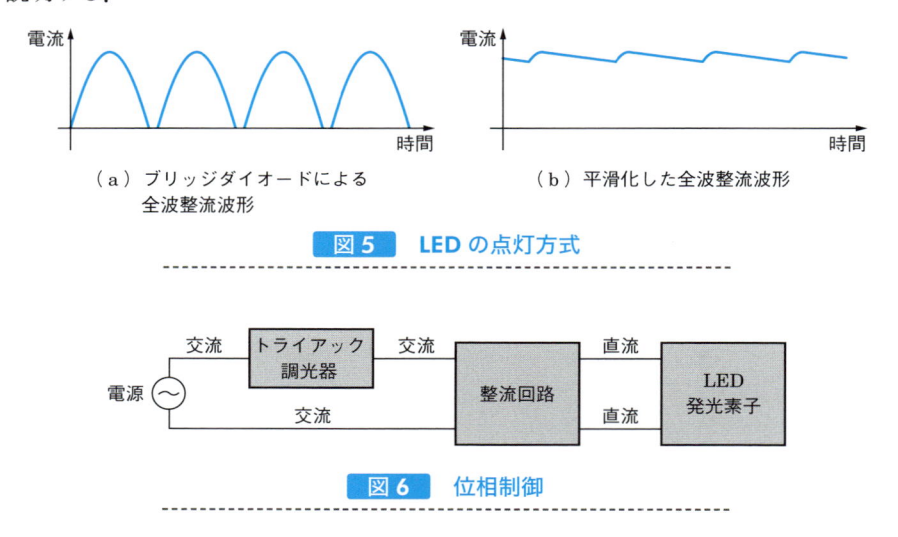

（a）ブリッジダイオードによる
　　全波整流波形

（b）平滑化した全波整流波形

図5　LED の点灯方式

図6　位相制御

（b）トライアック　　交流機器の制御に広く使われているのは，トライアックである．トライアックは，2章14節でも説明したが，**図7** のように，サイリスタを2個逆並列に接続して，1つのゲートで制御できるようにしたものである．

　トライアックへのトリガのかけ方は，通常，交流電流の向きによって，**図8** のような電圧の極性で使う．

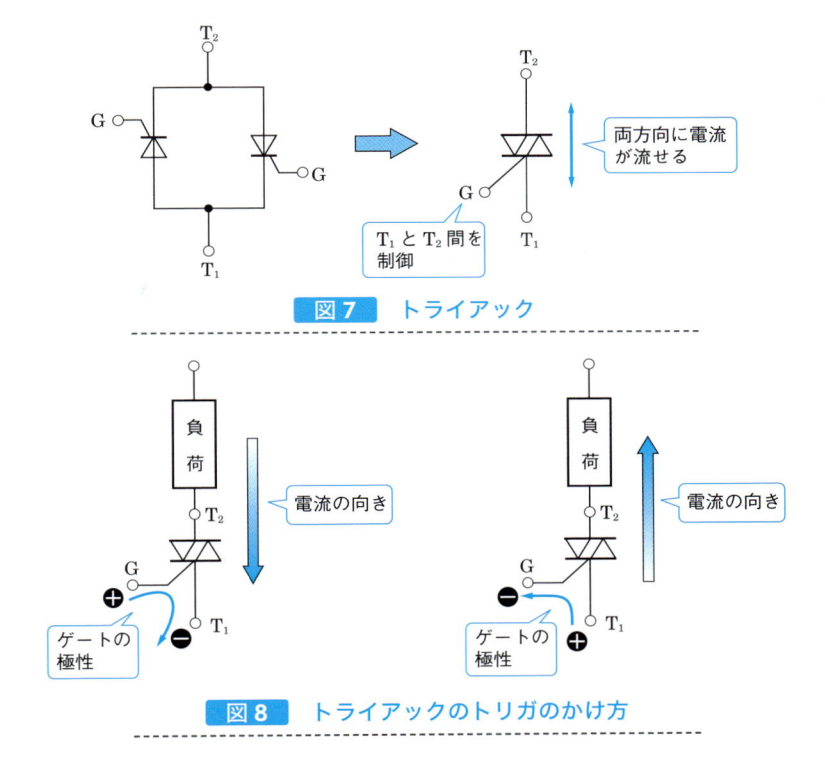

図7 トライアック

図8 トライアックのトリガのかけ方

(c)交流の位相制御　交流電源は,1サイクル中に2回0になる瞬間があるため,サイリスタ素子をターンオンさせても,0Vでターンオフしてしまう.したがって,導通状態を持続させるためには,半サイクルごとにトリガをかけなければならない.

　このため,交流回路では,**図9**のように,CR回路を用いて,交流電源に同期させてトリガをかける.このCR回路を移相回路という.

　コンデンサの電圧v_Cの上昇によって,ゲートにトリガがかかり,トライアックがオンし,電源電圧が0Vになるところでオフとなる.**図10**は,負荷電圧の波形で,CRの時定数に応じて位相がシフトして負荷電圧を制御することができる.

　図9の回路では,v_Cの電圧によってゲートにトリガをかける素子が必要である.それが次に説明するダイアックである.

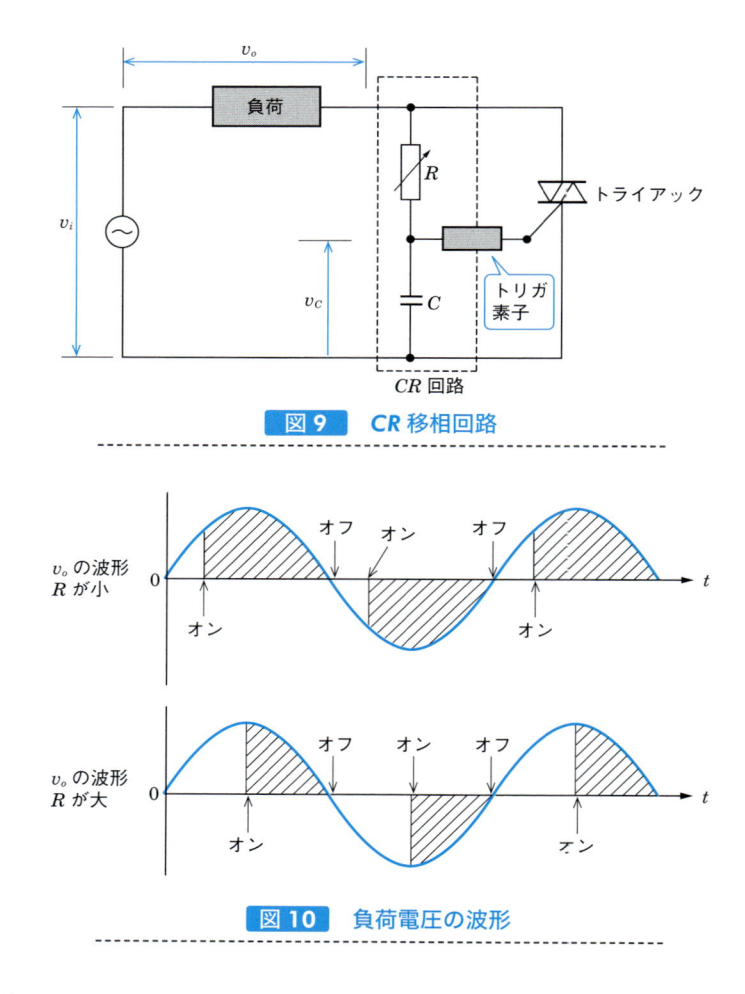

図9 CR 移相回路

図10 負荷電圧の波形

(d) ダイアックの特性　ダイアックは，トリガダイオードとも呼ばれ，トライアックのトリガ用として開発された素子である．この素子は，**図11** のような図記号と特性をもつ．

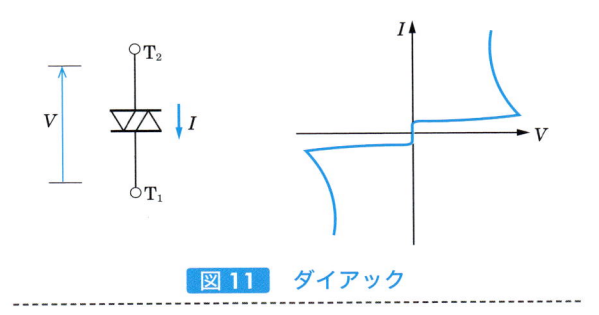

図 11　ダイアック

(e) 調光回路の例　図 12 は，トライアックによる LED 照明器具の調光回路の例である．LED 照明器具は，LED 用整流回路で発光させている．調光つまみによって，LED 用整流回路に加わる電圧を制御し，明るさを調節できる．

トライアックと負荷の間には，ノイズフィルタを挿入して，位相制御で発生する高調波をカットしている．

トライアックと並列に接続されている R_1 と C_3 は，サージアブソーバといい，電圧の変化を緩やかにする働きをする．これによって，トライアックの $T_1 T_2$ 間の電圧が急変することで，トリガがかかってしまうのを防いでいる．

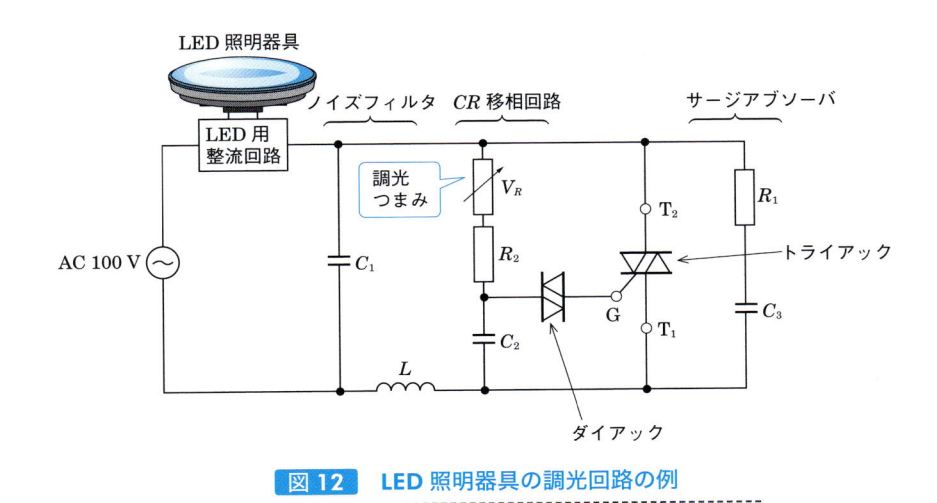

図 12　LED 照明器具の調光回路の例

5-03 モータ制御での活躍

01 直流モータの速度制御

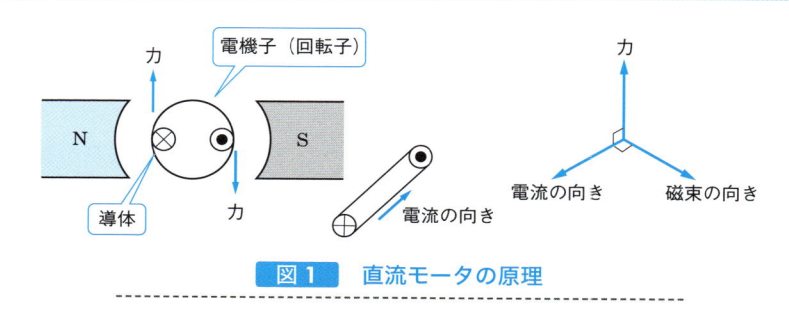

図1 直流モータの原理

（a）直流モータは何に対して制御を行うか　直流モータは，**図1**のように，磁界中に置かれた導体に電流を流すと，フレミングの左手の法則によって定まる向きに力が働き，回転力を得ている．

　直流モータには，磁束をつくる界磁巻線を電機子と並列に接続するか，直列に接続するかによって，**図2**のように，**分巻界磁形**と**直巻界磁形**とがある．

　直流モータの特性は，**図3**のようになる．図から，回転速度は電機子電圧に比例し，界磁磁束に反比例する．また，界磁磁束は界磁電流に比例する．したがって，電機子電圧と界磁電流を変化させれば，広範囲の速度制御が可能である．また，モータを逆転させるには，電機子電圧か界磁電流のうち，どちらかの向きを変えればよい．

（b）制御方式　直流モータの速度制御は，電機子電圧を変えれば制御できることがわかった．その電機子電圧を制御する方式として，サイリスタによる位相制御で変える方式と，チョッパによって変える方式について説明する．

　① **サイリスタレオナード方式**：**図4**は，交流電源からサイリスタを用いて直流可変電圧を得て，直流モータを速度制御するサイリスタレオナード方式の例である．

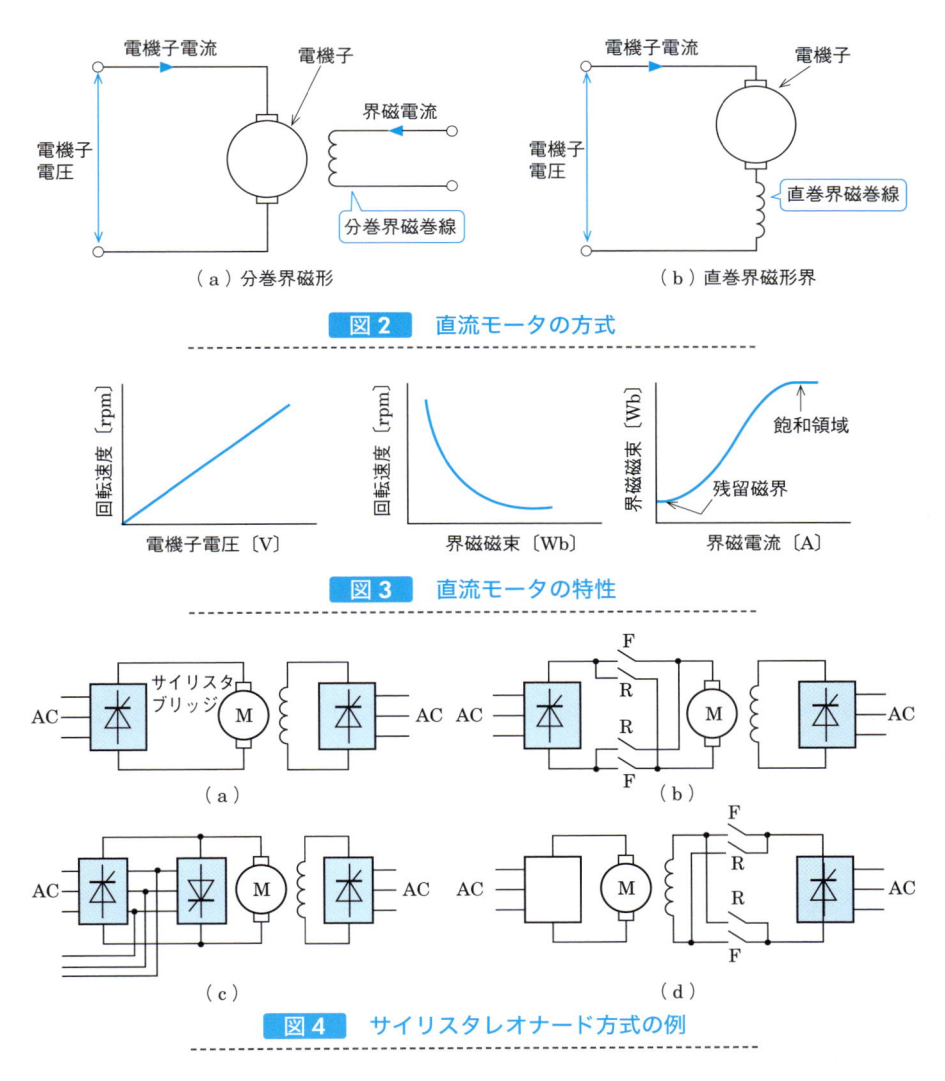

図2 直流モータの方式

図3 直流モータの特性

図4 サイリスタレオナード方式の例

　図4（a）は，非可逆運転で回生の必要のないもの．図4（b）は，正逆運転の頻度が少ないもので，切換えの時間が問題にならず，比較的容量の小さいもの．図4（c）は，正逆の頻度が多く，切換え時間が早いもので，可逆運転を必要とする用途に多く用いられている．図4（d）は，正逆運転の頻度が少ないもので，切換えの時間が問題にならなく，比較的容量の大きいものに用いられる．

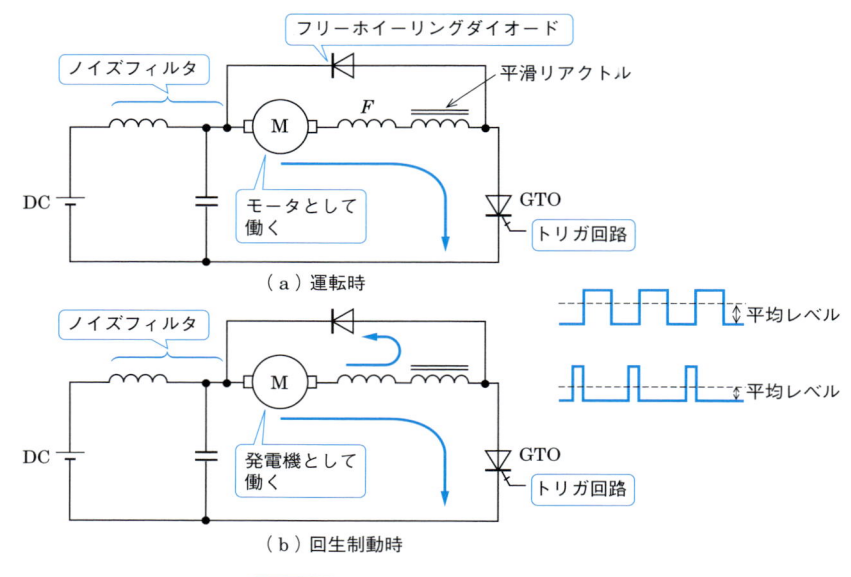

図5 電車のチョッパ制御の例

② DCモータのチョッパ制御：**図5**は，GTOサイリスタによる電車のチョッパ制御の例である．チョッパ制御は，直流電源を切り刻んで，モータに流れる平均電圧を制御している．

運転時は，電源を切り刻む間隔を変えて，モータの速度を制御し，回生制動時は，モータを発電機として動作させ，発生した電力を電源へ戻す．

02 交流モータの速度制御

（a）交流モータは何に対して制御を行うか　　**図6**（a）のアラゴの円板において，磁石を矢印の向きに動かすと，円板にはフレミングの右手の法則により，矢印の方向に渦電流が生じる．この渦電流と磁界の間には，フレミングの左手の法則により電磁力が発生し，円板は磁石と同じ向きに回転する．

このことは，**図6**（b）の場合にもいえて，円筒の周りの磁石を回転させると，円筒は磁石と同じ方向へ回転する．

実際のモータは，磁石を回転させる代わりに，**図7**のように，3つのコイルを互いに120°ずつずらして配置し，三相交流を流すと，回転する磁界をつくるこ

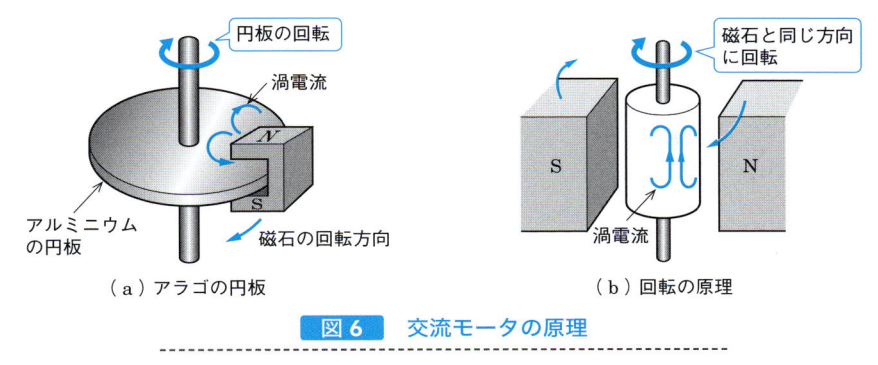

（a）アラゴの円板　　　　　　　　（b）回転の原理

図6　交流モータの原理

u相

磁束の向き

w相　　　　　　v相

図7　回転磁界

とができる.

　この回転磁界の回る速さを同期速度 n_s といい，次のように表される.

$$n_s = \frac{120f}{P} \text{〔rpm〕}$$

　ここで，P：磁極の数，f：周波数〔Hz〕

　交流モータには，同期モータと誘導モータがある（**図8**参照）.

　同期モータは，回転子に直流界磁巻線，あるいは小容量では永久磁石をもった磁極を有し，この磁束と回転磁界の磁束との相互作用によりトルクを発生し，同期速度で回転する.

　誘導モータは，回転磁界によって回転子に電圧が誘起し，誘起電圧による電流が流れる．この電流と回転磁界の磁束とでトルクを発生し回転するため，同期速度より必ず少し遅い速度で回転する．この速度差をすべり s といい，誘導モータの回転速度 n は，次のように表される.

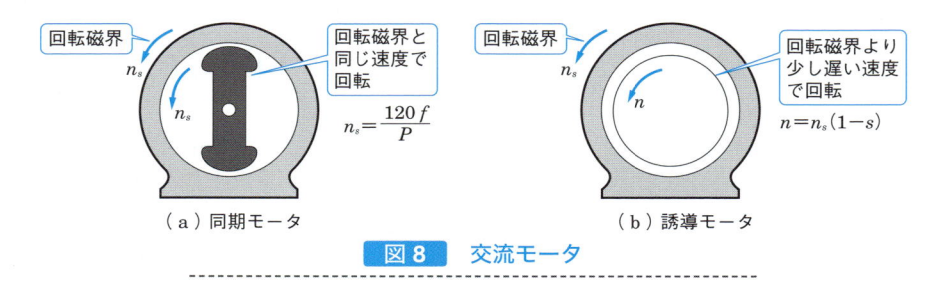

（a）同期モータ　　　　　　　　　　　（b）誘導モータ

図8 交流モータ

$$n = n_s(1-s) \ \text{〔rpm〕}$$

以上のことから，交流モータでは，回転磁界の速度，つまり周波数を変えてやれば速度を制御できる．

ただし，特性上，磁束を一定に保っておくことが必要なため，電圧/周波数の比を一定にしなければならない．例えば，速度を 2 倍にするためには，周波数を 2 倍にすればよいが，それと同時に電圧も 2 倍にすることが必要である．

交流モータのこのような速度制御電源を**可変電圧・可変周波数電源**（VVVF：Variable Voltage Variable Frequency）と呼んでいる．

（b）制御方式　　**図9** は，電圧形インバータによる誘導モータの可変速駆動運転の回路構成である．

周波数指令が出されたら，制御回路は，加減速電流が過大にならないように徐々に周波数を変化させる．インバータの交流出力電圧は直流電圧に比例するため，周波数指令信号は，整流回路のゲートへ出力されて，直流電圧を制御する．同時に，電圧/周波数変換をして，インバータ回路のベースへ信号を出力し，6 個のトランジスタを動作させて，三相交流に変換する．こうして，電圧/周波数の比を一定に保った制御を行う．

交流モータの回転方向の制御は，回転磁界の方向を変える．これは，**図10** のように，回転磁界をつくる 3 つのコイルに接続される三相交流電源の 3 線のうち，いずれか 2 線を入れ換えればよい．こうすれば，三相交流の回転磁界の向きが逆になるため，モータは逆転する．

図11 は，三相誘導モータの電磁リレーによる正逆転制御回路である．モータに接続された電磁接触器 M_R，M_F の接点 m_R，m_F では，U 相と W 相の 2 線が入れ換わるようになっている．

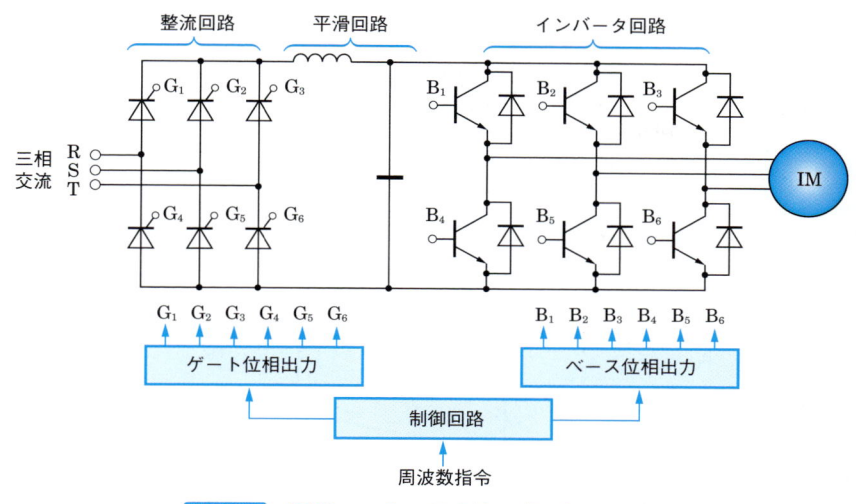

図9 誘導モータの可変速駆動運転の回路構

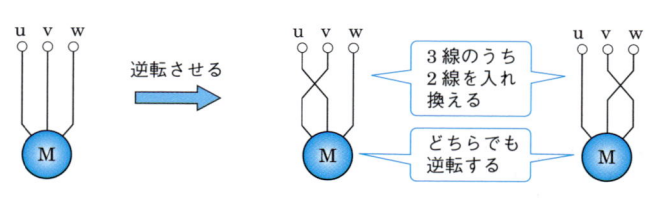

図10 交流モータの逆転法

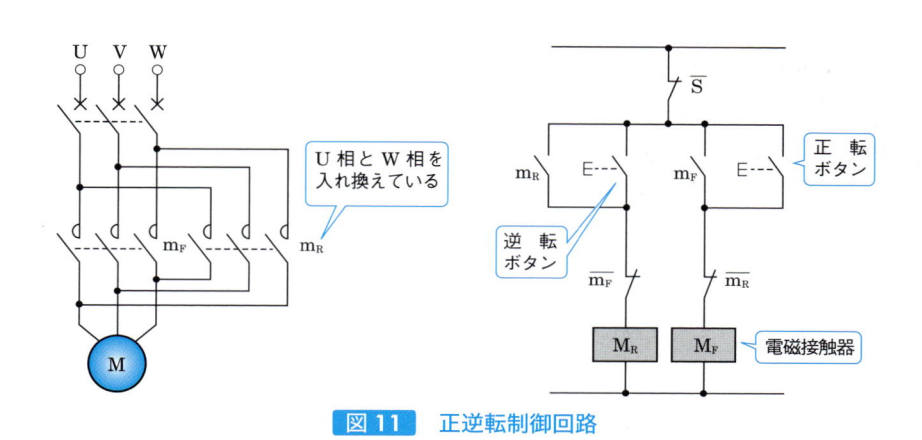

図11 正逆転制御回路

5-04 家電製品での活躍

01 電磁調理器

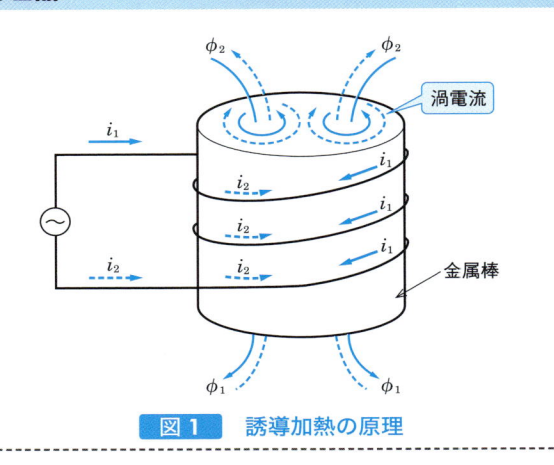

図1 誘導加熱の原理

(a) 誘導加熱とは　図1のように，金属棒を交流電源に接続したコイルの中に置くと，電磁誘導作用によって金属棒内に渦電流が発生する．この渦電流によるジュール熱で加熱する方法を**誘導加熱**（IH：Induction Heating）という．

　誘導加熱には，磁界を発生させる加熱コイルと，加熱コイルに大きい渦電流を発生させて強い加熱力を得るための高周波電源が必要である．この加熱コイルの高周波電源にインバータ回路が活躍している．

(b) 電磁調理器　家電製品に応用されている誘導加熱機器に，**図2**の電磁調理器がある．渦巻状の加熱コイルには，20〜50 kHzの高周波電源が供給され，トッププレートに置かれた鍋底に渦電流が誘起し，鍋自身が加熱される．

　鍋は，鉄，ステンレス，ほうろう製などが使用でき，アルミニウムや銅は加熱されにくい．

　このような加熱コイルは，鍋全体を加熱する電気炊飯器などにも IH ジャーとして応用されている．

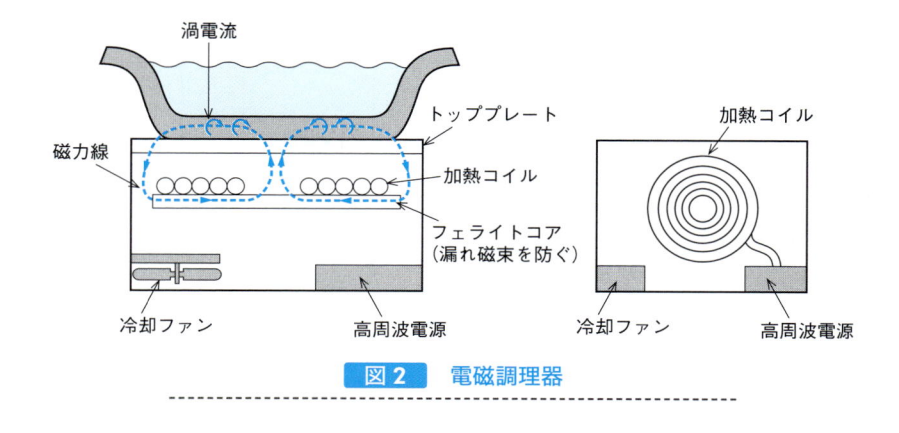

図2　電磁調理器

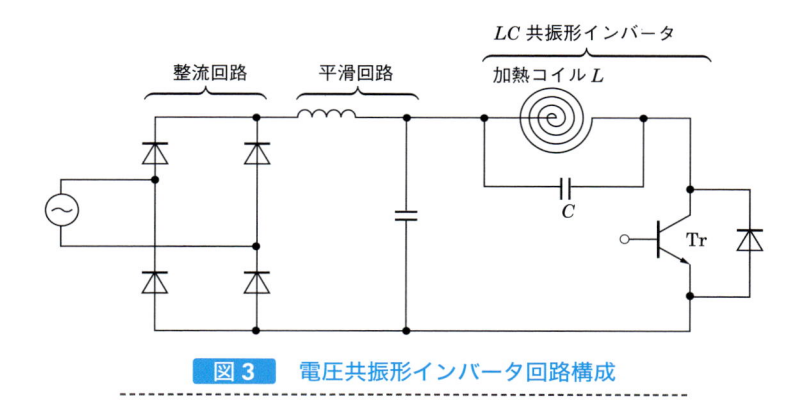

図3　電圧共振形インバータ回路構成

(c) 回路構成　　図3は，電磁調理器用の高周波電源である電圧共振形インバータの回路構成である．単相電源は，整流回路によって直流電圧に変換される．そして，加熱コイル L と並列に接続されたコンデンサ C によって，共振回路を構成する．

トランジスタがオンすると，図4 (a) のように，コイル L に電圧がかかるとともに，コンデンサ C は充電される．トランジスタがオフすると，図4 (b) のように，C の電荷が放電され，L には逆向きの電圧がかかる．

トランジスタのオンオフを，LC の共振周波数に合わせることで，コイル L に高周波電圧を発生させている．

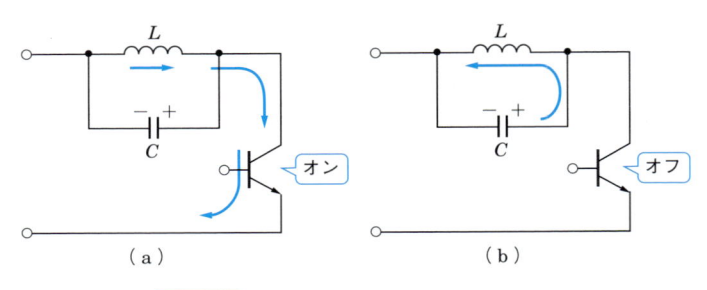

図4 電圧共振形インバータの動作

02 インバータエアコン

(a) インバータエアコンの特徴　インバータエアコンは，部屋の温度や外気温度に応じてコンプレッサの回転数を変化させ,空調能力を変えることができる.従来のエアコンがコンプレッサをオンオフ制御で動かすのに比べ，省エネルギーや快適性の面で向上が図られている.

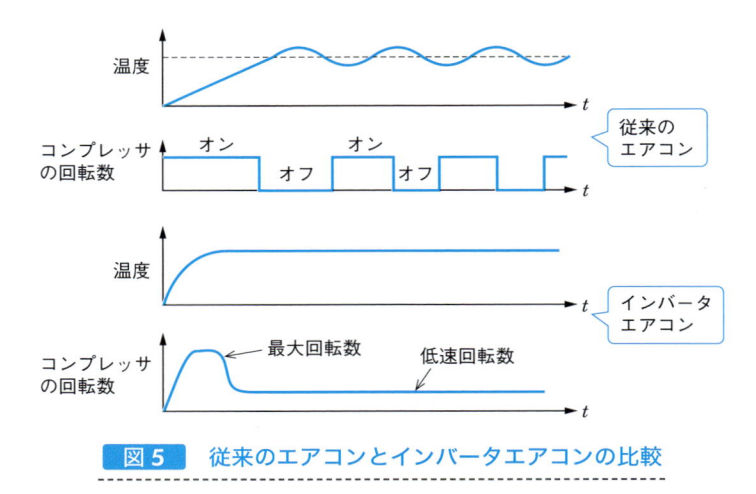

図5 従来のエアコンとインバータエアコンの比較

　図5は，従来のエアコンとインバータエアコンの制御の比較である．従来のエアコンは，商用周波数で運転するため，コンプレッサの回転数が変えられず，素早く快適な温度に設定することや，また，コンプレッサをオンオフ制御するため，室温を一定に保つことが難しかった.

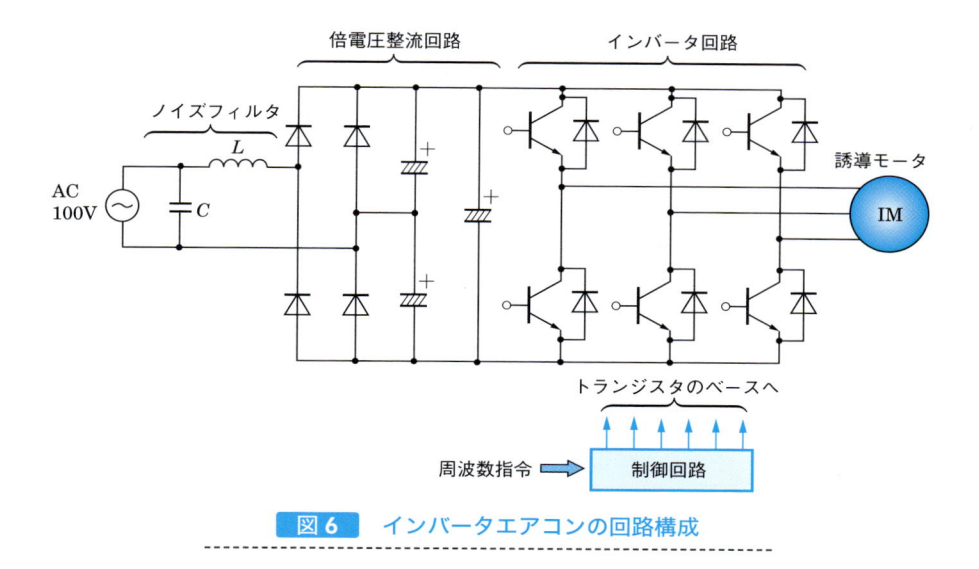

図6 インバータエアコンの回路構成

(b) 回路構成 **図6**は，インバータエアコンの回路構成である．交流電源は，電解コンデンサ2個で2倍の電圧に整流される．これは，直流電圧を高くすることで，コンプレッサのモータに流れる電流を半減にしたり，整流ダイオードおよびインバータのトランジスタの電流を抑え，損失を小さくしている．モータの制御は，PWM制御と，V/F一定制御が一般に行われている．

V/F制御, ベクトル制御について調べてみよう.

電源関係での活躍

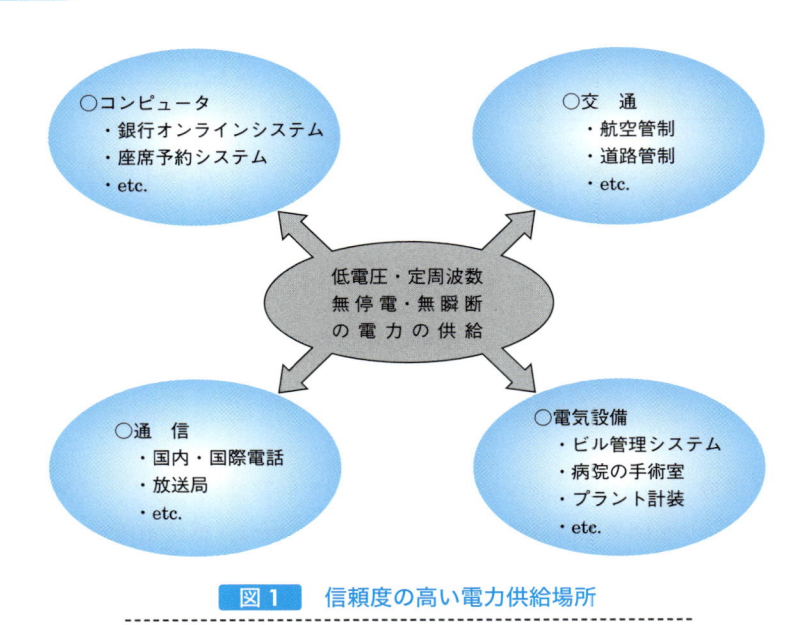

○コンピュータ
・銀行オンラインシステム
・座席予約システム
・etc.

○交　通
・航空管制
・道路管制
・etc.

低電圧・定周波数
無停電・無瞬断
の電力の供給

○通　信
・国内・国際電話
・放送局
・etc.

○電気設備
・ビル管理システム
・病院の手術室
・プラント計装
・etc.

図1 信頼度の高い電力供給場所

　図1のようなコンピュータ，通信，交通，電気設備などでは，交流電源の一瞬の電圧降下，停電は許されず，信頼性の高い無停電無瞬断，定電圧定周波数の電力を供給する必要がある．

　このようなシステムの電源には，常に一定の電圧と一定の周波数が得られる電源装置として，**定電圧－定周波数電源装置**（CVCF装置：Constant Voltage Constant Frequency Power Supply）や**無停電電源装置**（**UPS装置**：Uninterruptible Power Supply）が用いられている．

　CVCFは，いままで学習した整流回路やインバータから構成され，交流電源をいったん直流に変換した後，インバータによって定電圧定周波数の交流出力を得ている．また，UPSは，CVCFと蓄電池などのエネルギー蓄積装置で構成され，交流電源の停電に際し，電力の供給を直ちに交流電源から蓄電池に切り換えて，負荷への電力供給の連続性を確保している．

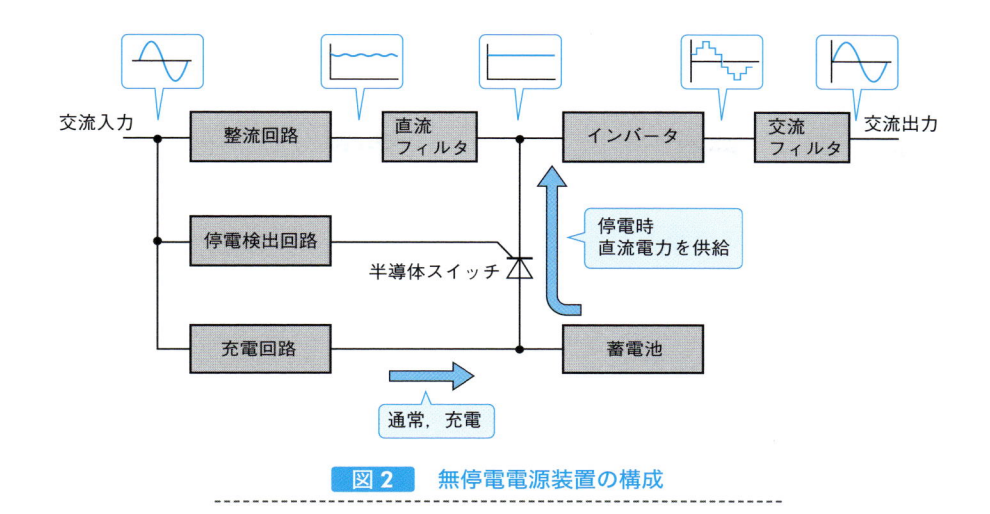

図2 無停電電源装置の構成

図2は，UPSの構成である．直流フィルタは交流分を除去，交流フィルタは高調波を除去するものである．インバータは，電圧形インバータで，特に電圧制御と波形整形の機能をもつ PWM インバータが主体である．

UPS は通常，交流入力から整流回路によって直流電力をつくり，これをインバータで再び交流電力に変換し，フィルタを通して，正弦波の交流出力を得ている．一方，蓄電池は充電回路によって充電状態が維持されている．

もし，交流入力が瞬時電圧降下や停電を生じた場合，停電検出回路により直ちに半導体スイッチはオンされ，整流回路の出力に代わって，蓄電池の電力がインバータに供給される．停電検出回路の検出遅れは数 ms 程度以内であるが，この間のエネルギーはインバータの直流側に設けられた直流フィルタから供給されるため，インバータの出力は無停電となる．

復電した場合，インバータには整流回路から給電され，半導体スイッチがオフされた後，充電回路は蓄電池を充電する．

このように，UPS の出力は寸断もなく，波形の乱れもない交流電力が得られるようになっている．

5 章のまとめ

01 電力系統での活躍

送電系統の周波数変換,直流送電で利用されている.

02 照明分野での活躍

蛍光灯回路でのインバータ照明,LED 照明器具の調光に利用されている.

03 モータ制御での活躍

直流モータ,交流モータの速度制御に利用されている.

04 家電製品での活躍

電磁調理器,インバータエアコンに利用されている.

05 電源関係での活躍

CVCF,UPS に利用されている.

問題解答

▌2章

問1 $I_C = \dfrac{P_C}{V_{CE}} = \dfrac{100}{500} = 0.2\,\text{A}$

問2 (1) n チャネル（エンハンスメント形）MOSFET

(2) p チャネル（デプレション形）MOSFET

① ゲート ② ドレイン ③ ソース

問3 (1) エ (2) イ (3) ク (4) コ

問4 $I_C = I_E - I_B = 2.62 - 0.04 = 2.58\,\text{mA}$

$h_{FE} = \dfrac{I_C}{I_B} = \dfrac{2.58}{0.04} = 64.5$

問5 (1) ○ (2) ×（逆方向の電流を流すことはできない） (3) ○

問6 (3) トランジスタをスイッチとして用いるときは，遮断領域と飽和領域を利用する．能動領域というのは間違いである．

問7 (1)

▌3章

問1 (1) 10 s (2) 10 s (3) 2 s (4) 5 ms

問2 (1)

t〔ms〕	0	1	2	3	4	5
i〔A〕	1	0.607	0.368	0.223	0.135	0.082
v_R〔V〕	100	60.7	36.8	22.3	13.5	8.2
v_C〔V〕	0	39.3	63.2	77.7	86.5	91.8

(2)

t〔ms〕	0	1	2	3	4	5
i〔A〕	-1	-0.607	-0.368	-0.223	-0.135	-0.082
v_R〔V〕	-100	-60.7	-36.8	-22.3	-13.5	-8.2
v_C〔V〕	100	60.7	36.8	22.3	13.6	8.2

(3)

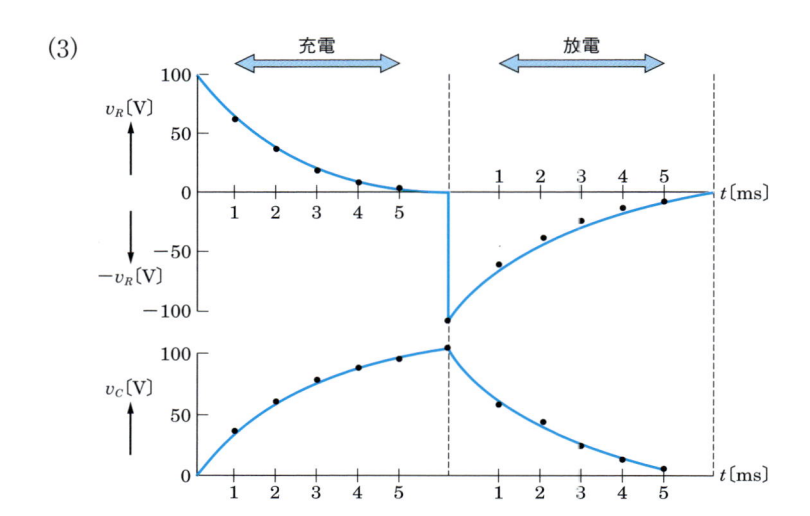

問3 (1) 0.5 s (2) 2 ms (3) 5 μs (4) 0.4 ms

問4

t 〔ms〕	0	1	2	3	4	5
i 〔A〕	0	3.93	6.32	7.77	8.65	9.18
v_R 〔V〕	0	39.3	63.2	77.7	86.5	91.8
v_L 〔V〕	100	60.7	36.8	22.3	13.6	8.2

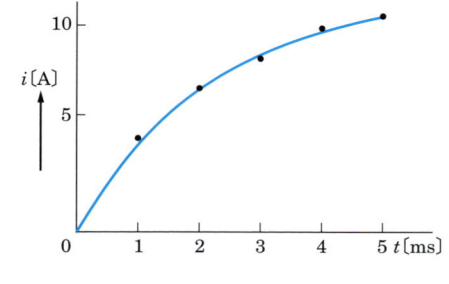
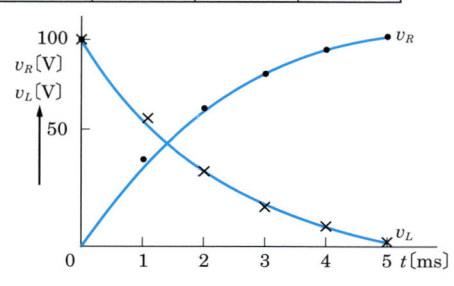

問5 $T = 0.69 \ (0.01 \times 10^{-6} \times 100 + 0.01 \times 10^{-6} \times 100) \ = 1.38 \times 10^{-6} = 1.38 \ \mu s$

$f = \dfrac{1}{T} = \dfrac{1}{1.38 \times 10^{-6}} = 725 \times 10^3 = 725 \ kHz$

問6 $T = 2.2 \times 50 \times 10^3 \times 1 \times 10^{-6} = 0.11 \ s$

$f = \dfrac{1}{T} = \dfrac{1}{0.11} = 9.09 \ Hz$

問7

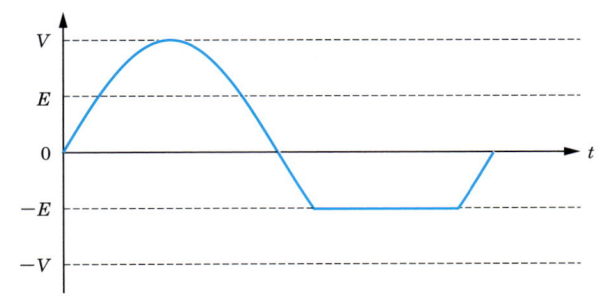

問8 ②

4章

問1 $V_d = 0.225 \times 100\,(1 + \cos 0) = 45\ \text{V}$ $I_d = \dfrac{45}{5} = 9\ \text{A}$

問2 （ア）波形1   （イ）波形5   （ウ）波形2

問3 (5)

問4 $V_d = \dfrac{400 \times 10^{-6}}{1 \times 10^{-3}} \times 20 = 8\ \text{V}$

問5 負荷抵抗に加わる電圧 $V_d = 400 \times 0.6 = 240\ \text{V}$

負荷抵抗に流れる電流 $I_d = \dfrac{240}{10} = 24\ \text{A}$

問6 $\dfrac{T_\text{ON}}{T_\text{ON} + T_\text{OFF}} = 0.7$　より　$\dfrac{T_\text{OFF}}{T_\text{ON} + T_\text{OFF}} = 0.3$

$V_d = 200 \times \dfrac{1}{0.3} = 667\ \text{V}$

問7 $V_d = 200 \times 0.7 = 140\ \text{V}$

問8 (a) (5)   (b) (2)

問9 (3)

索　引

〈著者略歴〉

粉川昌巳（こがわ　まさみ）

1979 年　日本大学理工学部電気工学科卒業
1998 年　東京学芸大学大学院技術教育専攻修士課程修了
現　在　東京都立産業技術高等専門学校
　　　　荒川キャンパス非常勤職員

〈おもな著書〉
『電磁気学の基礎マスター』（電気書院，2006）

絵ときでわかる　パワーエレクトロニクス（改訂2版）

2001 年 4 月 10 日	第 1 版第 1 刷発行	
2019 年 10 月 15 日	改訂2版第 1 刷発行	
2025 年 7 月 20 日	改訂2版第 4 刷発行	

著　　者　粉川昌巳
発行者　髙田光明
発行所　株式会社オーム社
　　　　郵便番号　101-8460
　　　　東京都千代田区神田錦町 3-1
　　　　電話　03(3233)0641（代表）
　　　　URL　https://www.ohmsha.co.jp/

© 粉川昌巳 *2019*

組版　徳保企画　　印刷・製本　美研プリンティング
ISBN978-4-274-22431-7　Printed in Japan

基本からわかる 講義ノート

シリーズのご紹介

4 大特長

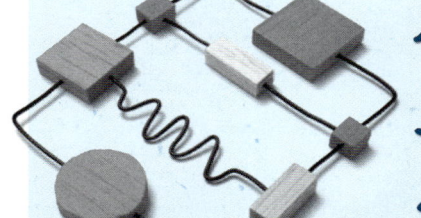

こだわりが沢山ありますよ

僕たちが大活躍！

1 広く浅く記述するのではなく，必ず知っておかなければならない事項についてやさしく丁寧に，深く掘り下げて解説しました

2 各節冒頭の「キーポイント」に知っておきたい事前知識などを盛り込みました

3 より理解が深まるように，吹出しや付せんによって補足解説を盛り込みました

4 理解度チェックが図れるように，章末の練習問題を難易度3段階式としました

基本からわかる 電気回路講義ノート
- 西方 正司　監修／岩崎 久雄・鈴木 憲吏・鷹野 一朗・松井 幹彦・宮下 收　共著
- A5判・256頁　●定価(本体2500円【税別】)

基本からわかる 電磁気学講義ノート
- 松瀬 貢規　監修／市川 紀充・岩崎 久雄・澤野 憲太郎・野村 新一　共著
- A5判・234頁　●定価(本体2500円【税別】)

基本からわかる 電気電子材料講義ノート
- 湯本 雅恵　監修／青柳 稔・鈴木 薫・田中 康寛・松本 聡・湯本 雅恵　共著
- A5判・232頁　●定価(本体2500円【税別】)

基本からわかる 信号処理講義ノート
- 渡部 英二　監修／久保田 彰・神野 健哉・陶山 健仁・田口 亮　共著
- A5判・184頁　●定価(本体2500円【税別】)

基本からわかる システム制御講義ノート
- 橋本 洋志　監修／石井 千春・汐月 哲夫・星野 貴弘　共著
- A5判・248頁　●定価(本体2500円【税別】)

基本からわかる 電力システム講義ノート
- 新井 純一　監修／新井 純一・伊庭 健二・鈴木 克巳・藤田 吾郎　共著
- A5判・184頁　●定価(本体2500円【税別】)

基本からわかる 電気機器講義ノート
- 西方 正司　監修／下村 昭二・百目鬼 英雄・星野 勉・森下 明平　共著
- A5判・192頁　●定価(本体2500円【税別】)

もっと詳しい情報をお届けできます．
◎書店に商品がない場合または直接ご注文の場合も右記宛にご連絡ください．

ホームページ https://www.ohmsha.co.jp/
TEL／FAX TEL.03-3233-0643　FAX.03-3233-3440

（定価は変更される場合があります）

A-1507-135